U0298585

蒹葭
游
夏堇工作室 主编
世界知识出版社

白玉胭脂透，花前映红妆。
一抹红晕一点唇，自然焕发美颜生肌。

长乐/绘

公羊子／绘

荷叶罗衫一色，芙蓉馨香幽幽。
秋花立于碧水，荷香传开万里。
如荷的花漾淡香，许你一份甜美迷恋。

五方莲子／绘

油纸伞中落花雨，丁香花下现清眸。
撑开一瓣色彩，流苏围起属于你的世界。

司徒溟泠/绘

江南二月试罗衣

蒹葭苍苍，白露为霜。

蒹葭，意为初生的芦苇，娇嫩且充满活力，在偌大的池塘中蓬勃生长，占领着属于自己的一片郁郁青青。汉式时装亦是如此。

在包罗万象的时尚界中，性冷淡的简约风、小清新的森系、甜美可爱的Lo装、优美典雅的汉服等，各式各样的服饰引领着不同的潮流风象。而崭露头角的汉式时装，如它的风格一般徐徐而来，渐入人心，展现着自己的独特魅力。

汉式时装，全称『汉服元素时装』，姑娘们更爱称之为『汉元素』。这类服装将汉民族服装文化元素和当今主流西式服装体系牵引在一起，相互融合。初识汉式时装的人，兴许会以为它是『改良后的汉服』。但严格来说，汉式时装并不属于汉服的范畴，尽管它举手投足之间都透露着汉服之美。

如果说传统汉服是历经千年的『大前辈』，汉式时装则可谓是初出茅庐的『小萌新』。汉服的千年文化固然不可动摇，但汉式时装潜在的洪荒之力也是不可低估。减去了传统汉服穿戴的烦琐，汉式时装更能适应现代人们的快节奏及轻便的生活。同时，它继承了传统汉服的古典之美及文化底蕴，对推广汉服、唤醒人们的传统审美有一定的作用。

集古今元素于一体、熔中西风格于一炉的汉式时装，其设计非常灵活自由，搭配的方式也因此多种多样，宛如一个挖不完的宝藏。而《蒹葭》系列主题书中所展示的服饰，只是此宝藏的冰山一角。希望通过此书，可以向面前的你传达汉元素及其搭配之美。如果能让你在以后添置衣物之时多个选择，已感无限荣幸。

初生之书，请多指教。

目录

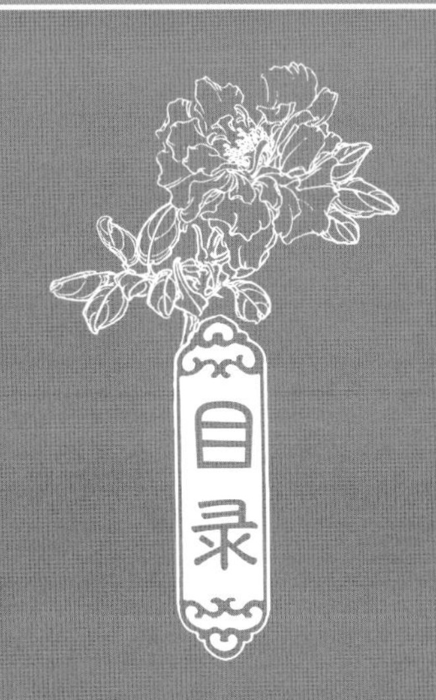

目录

蒹葭

闺蜜是旅行的最佳百搭单品！和好闺蜜一起穿一起美一起浪！

衣不如新，人不如故。闺蜜，大概是世界上最佳的旅伴。她与你相似，在选择行程上的契合度高；但她又是真真切切地与你不同的另一人，在旅途过程中总能发现不一样的美。好闺蜜在搭配方面的独特眼光和耿直建议，让你成为内外都更加美好的人儿。和最懂你的她穿上闺蜜装，一起美美地流浪世界吧！

长乐 绘

花中来去看舞蝶，树上长短听啼莺。
——长孙氏《春游曲》

相似却不同，闺蜜装穿搭的小默契

虽说一样的衣服不同的人穿会穿出不同的感觉，但并不是每个人都适合。讨厌沉闷、想保留自己个性的姑娘们，不妨尝试相同风格、款式类似、颜色不同的闺蜜装。汉元素款式丰富、风格多变，一起来寻找既能凸显个性又能和好姐妹相得益彰的闺蜜装吧！

淡雅的青绿，温柔的紫红，利用互补色自然地绽放个性。

银制的花形流苏步摇，可爱之中带有坚韧感，为整体柔和的造型增加一丝硬朗感，让造型不会显得太过娇弱。

淡绿色的披帛缀有白色小碎花，为素雅的襦裙增分。

藏蓝色的裙面上绣有洁白的牡丹，和美好的心情一起静静绽放。戴上白牡丹发饰，两者上下呼应，淡雅气质弥漫开来。

绿色为主调的服饰总能让人眼前一亮。及地的齐胸襦裙驾驭起来稍有难度，但由于它挡住了身体的大部分，非常适合对自己的身材不太满意的姑娘。袒露的锁骨衬托修长的脖子，显高又显瘦。

长乐/绘

若是夏天出游，扇子可谓是不可错过的搭配单品。既可以扇风遮阳，又可以凹造型。

扇面的紫色牵牛花与裙子相呼应，扇柄吊有珠珠流苏，增加了扇子的设计感。

与裙面同色的绣花鞋，鞋头也是用金丝勾勒花纹，鞋舌很有“心机”地做成了波浪形，让人爱不释手。

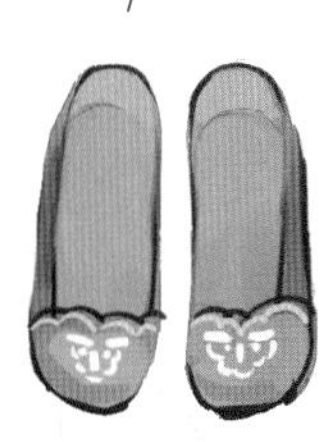

绿色的互补色是红色，但太过艳丽的红在日常搭配中会显得有点夸张。这套紫红色的齐胸襦裙，与青绿色的那套板型相同，但每一处小细节都在透露着自己的特性。如肩膀上的红牡丹刺绣，裙面用金丝勾勒的花轮廓，都有种低调的高贵感。

颜色互补的闺蜜装，正如性格互补的我们，互相映衬又独有个性。

亲近的同色系，融化在彼此的温柔里，罩衫搔截朴素内搭。

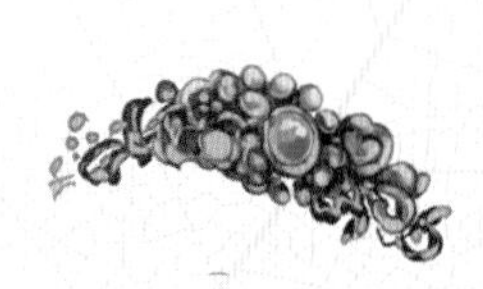

相对素雅的服饰，可以佩戴稍微华丽的头饰来提升时尚度。点缀的蓝宝石和缅栀子花中和了金饰的厚重感，避免产生“头重脚轻”的感觉。

衣襟上绣有的淡红色梅花，及衣摆上的白色小花，为设计简单的紫藤色半臂添加精致感。

简单朴素的淡粉色中衣，是百搭的基础款。外穿简约，用于内搭时则是混搭达人显示实力的利器。

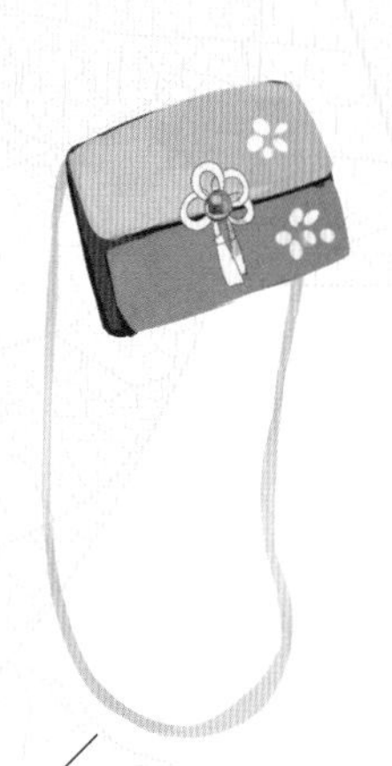

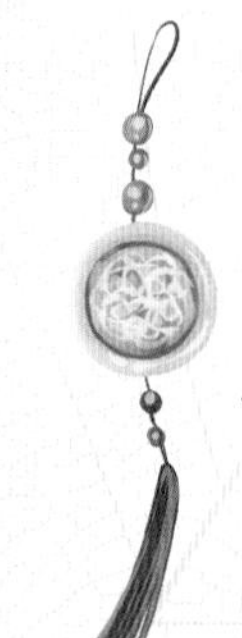

玉佩也是装饰裙子的好单品，走路的时候随着裙摆左右摇晃，有一种少女的天真感。

布艺紫丁香色小挎包，与半臂相照应地绣上了白色小花。花型搭扣是亮点。

柔和的色调总是让人感觉温暖亲切。淡粉色中衣搭配淡黄色百褶长裙，水灵灵的江南水乡的温柔姑娘形象即刻呈现！但就这样穿难免会觉得单调，可以套上一件紫藤色的半臂，提升整体造型的搭配度。拍照时拿上一束缅栀子花半掩红妆，羞涩之态尽现。

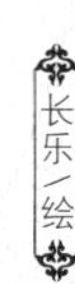

与闺蜜装的另一套相应地，为素雅的服饰装点上稍微夸张的首饰。白玉的清透点缀金饰的华丽，增添大家闺秀的气质。

与上衣颜色相近的淡粉蔷薇若隐若现，似乎在悄悄诉说着主人的故事。

紫藤色的纸折扇静谧中带点潇洒的感觉，为“安静”的造型带来“动感”。

烟灰紫的鞋面和草绿色的内里，两种颜色放在一起意外地搭调。无须过多的修饰，以配色取胜。

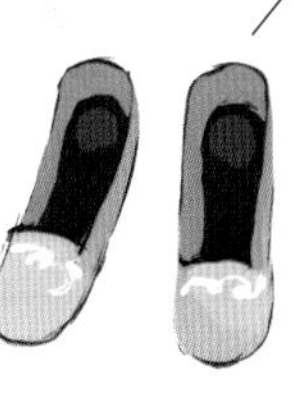

以传统圆领袍为设计基础的淡粉色外衣，改长袖为短袖，可露出内搭衣袖，让上身的搭配更有层次感；另改纽扣为方便穿脱的套头衫，露出内搭的高领，显得端庄高雅。下身配以与上衣衣领相近的灰蓝色百褶裙，裙面上散落的黄色花瓣仿佛要被风吹起，增加飘逸感。

自古红蓝出CP，感性红与理性蓝的美丽邂逅。

暖色调的红，代表热情冲动；冷色调的蓝，代表冷静和平。正如看似水火不容，实则深爱彼此的我们。红蓝搭的闺蜜装，脱不掉的CP感。

甜美的裙子当然得配上可爱的发型。粉色小花束成球，用红色绸带系在头发两侧，即增灵动感。

胸前用草绿色胸带系个蝴蝶结，小小细节增添不少甜美感。

内搭的白色连衣裙，荷叶袖上系了根小丝带，打个蝴蝶结袖子便成泡泡袖，十分可爱。百褶裙摆是呈现各类裙子甜美感的内搭利。

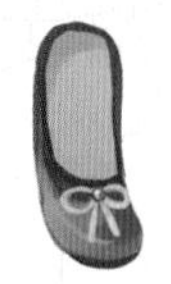

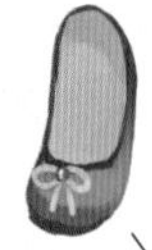

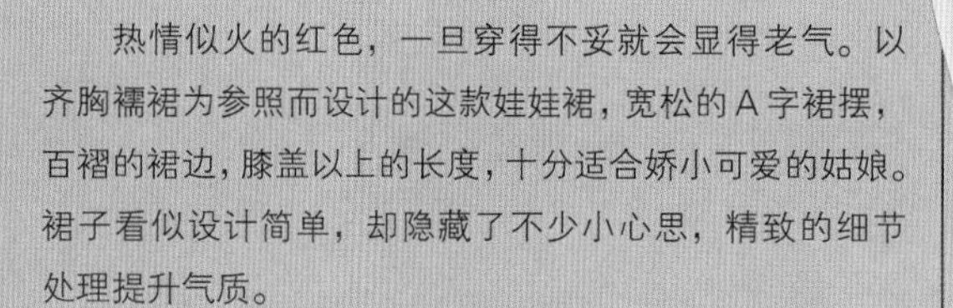

热情似火的红色，一旦穿得不妥就会显得老气。以齐胸襦裙为参照而设计的这款娃娃裙，宽松的A字裙摆，百褶的裙边，膝盖以上的长度，十分适合娇小可爱的姑娘。裙子看似设计简单，却隐藏了不少小心思，精致的细节处理提升气质。

使用了缎布面料的平底鞋，表面平滑有光泽感，加上小蝴蝶结的点缀，质感十足。

长乐/绘

头饰搭配同样洁白如玉的白牡丹，和与蔽膝相对应的流苏步摇，小家碧玉的感觉立刻呈现。

裙面前的蔽膝，末端绣上白玉形状的小饰品，系挂着的小玉石也晶莹透亮。

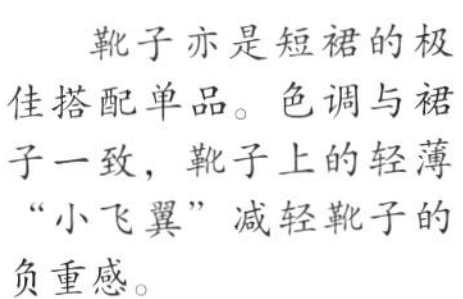

靴子亦是短裙的极佳搭配单品。色调与裙子一致，靴子上的轻薄“小飞翼”减轻靴子的负重感。

静谧的蓝色如水面平静，和胭脂红的那套一样，是偏甜美型的娃娃裙装。小露香肩的设计体现出可爱的小性感，薄纱质感的飘逸袖子，透亮的色泽宛如精灵的翅膀。裙摆亦是百褶设计，少女心满载！

长乐/绘

几处早莺争暖树，谁家新燕啄春泥。
——白居易《钱塘湖春行》
公羊子 绘

裙摆上的春光，绽放个人色彩的三套闺蜜装

闺蜜似镜子，照出不一样的自己。闺蜜装亦是如此，相同的色彩搭配，乍眼一看似乎一样，仔细欣赏，便会发现各自的独特魅力。春天元素的小裙子给人新生、和煦的感觉，就像闺蜜两人在一起时相互依偎的温暖感。

生机勃勃的青葱绿，是春天的代名词。

生机盎然的翠绿色，是活力少女衣橱里必不可少的颜色。上衣的方领设计体现出端庄的一面，短款显腿长。裙面上精致的仙鹤刺绣为造型加分不少。

黄绿配色的束口手提包，小巧可爱，随意搭配就可以很美。

手镯上的湖水蓝流苏，给人清爽的感觉，仿佛举手投足间都飘逸着一缕清风。

云肩是溜肩星人的急救单品！

收腰设计的长款马甲，突出了身体线条，显得凹凸有致。薄纱的大荷叶袖，不规则的袖口和垂坠的质感，轻松遮住粗手臂。

低调的黛紫，
是「乍暖还寒时候」的保暖色。

天气寒冷的时候，可以将披帛换成斗篷，保暖又美丽！亮黄色的系带和小毛球，给深沉的斗篷增添了不少可爱感。

既可以当披肩又可以披帛的实用单品。

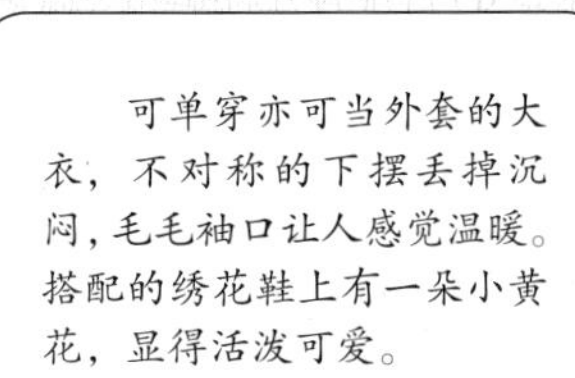

可单穿亦可当外套的大衣，不对称的下摆丢掉沉闷，毛毛袖口让人感觉温暖。搭配的绣花鞋上有一朵小黄花，显得活泼可爱。

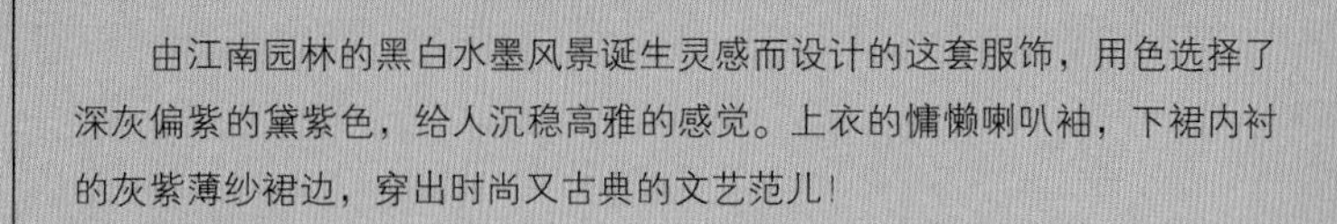

由江南园林的黑白水墨风景诞生灵感而设计的这套服饰，用色选择了深灰偏紫的黛紫色，给人沉稳高雅的感觉。上衣的慵懒喇叭袖，下裙内衬的灰紫薄纱裙边，穿出时尚又古典的文艺范儿！

公羊子／绘

绣罗衣裳照暮春，
蹙金孔雀银麒麟。
——杜甫《丽人行》
fiterstal\ 绘

接天莲叶无穷碧，映日荷花别样红。
——杨万里《晓出净慈寺送林子方》
fiterstall 绘

高贵宫廷风，用细节打造华丽闺蜜装

正是爱玩爱闹时期的我们，平日总少不了参加一些聚会派对。如果觉得日常款的汉元素太过普通，不妨试试宫廷风的款式，低调的高贵衬托出个人气质。和闺蜜结伴同行，盛装出席，一起成为派对之星吧！

凤凰展翅，不可靠近的高冷美。

fiterstall 绘

长袄的前后都用金丝绣着凤凰图案，十分高贵。

根据长袄再创作而成的长款上衣，领口的盘扣和裙子都选用了中国红，既有富贵吉祥之意，又显得大方得体。裙摆上的祥云金丝图案尽显奢华。

凤凰造型的耳坠，眼睛处镶嵌的是红宝石，十分精致。

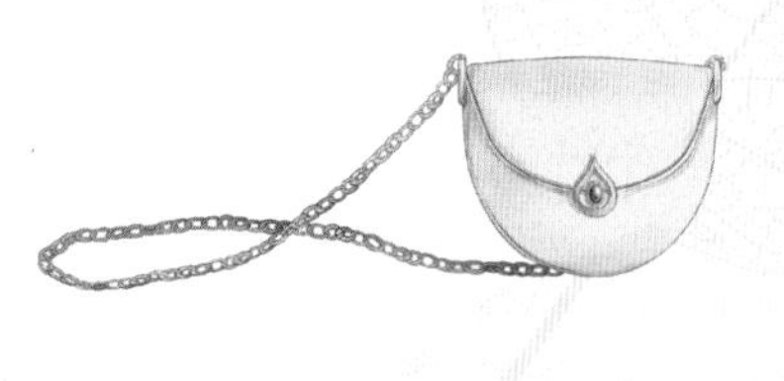

带有暗纹的金色链条小挎包，搭扣为水滴状，上面镶着红宝石，时尚感满满。

镀金的折扇，以凤凰的羽毛为灵感，同样镶有红宝石。镂空设计让“羽翼”看起来更为生动。

含苞待放的花骨朵，是可爱的小性感。

fiterstall绘

后背绣有含苞待放的花骨朵和美丽的蝴蝶，充满了对少女的美好祝愿。

粉嫩粉嫩的小短裙是卖萌装嫩的必备武器。这套裙子一共有三层，最上面的是薄纱，中间是粉色绸布，最里一层是有镂空花纹的白色打底裙边，很有层次感。裙子前短后长的设计很显腿长哦。

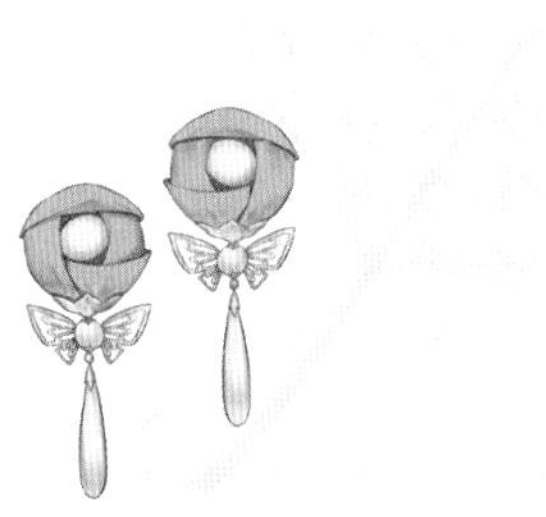

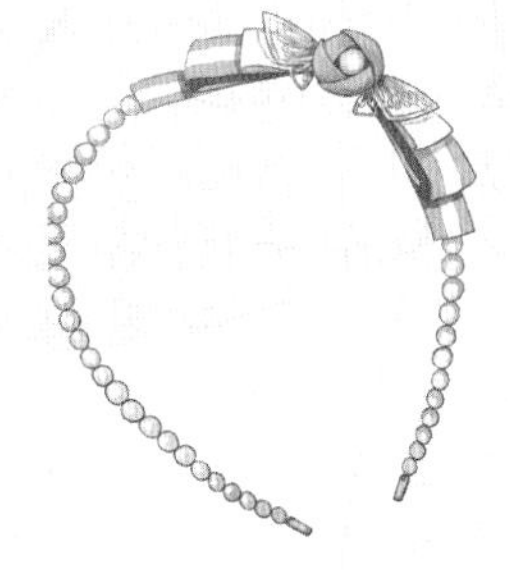

珍珠发箍和珍珠耳坠。花苞包裹着珍珠，还有小小的金色蝴蝶做点缀，甜美指数 up！

链子也是珍珠串联而成，与饰品相呼应。水桶包的设计非常可爱，金属蝴蝶挂件也十分精致。

清新脱俗的并蒂莲，
塑造高雅文艺范儿。

腰间的飘带，系在前可划分身材最佳比例，系在后面则可收腰，凸显身材曲线。

以并蒂莲花为主要元素设计而成的这款裙子，选用了清透的蓝色为主色调，意外地清新雅致。裙子的衣袖口、外衣、裙摆等地方都绣有并蒂莲花，精细的刺绣提升衣服档次。轻纱蕾丝的融入，减轻了服饰的高冷感，显得有几分可爱。

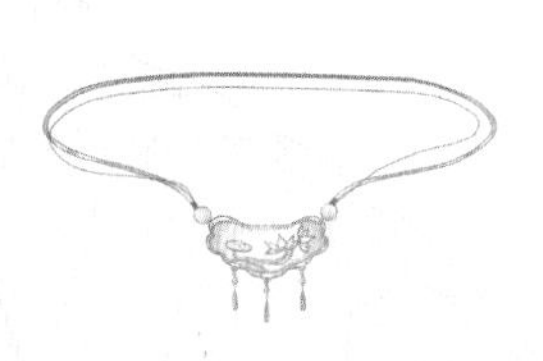

银制饰品的冰冷感与冷色调的裙子非常搭调。相连的吊坠祥云的造型，上面同样刻有并蒂莲花。

配套的耳坠和发簪亦是银制饰品。耳坠是半透明的玻璃花瓣包裹着白水晶，发簪则是在末端镶嵌白水晶，但同样有玻璃花瓣的装点。晶莹剔透的质感备受瞩目。

fiterstal\ 绘

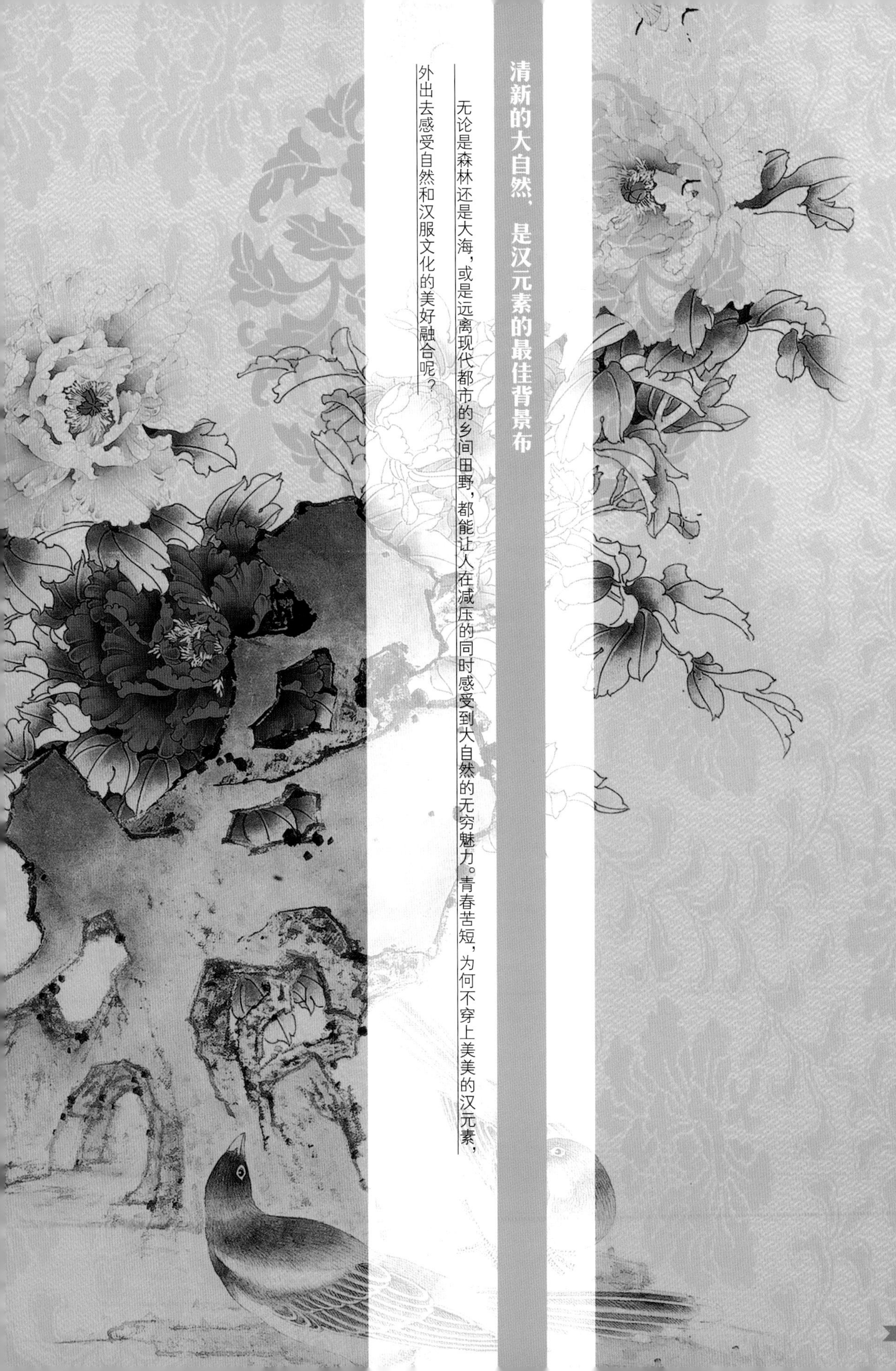

清新的大自然，是汉元素的最佳背景布

无论是森林还是大海，或是远离现代都市的乡间田野，都能让人在减压的同时感受到大自然的无穷魅力。青春苦短，为何不穿上美美的汉元素，外出去感受自然和汉服文化的美好融合呢？

隐隐飞桥隔野烟，石矶西畔问渔船。
——张旭《桃花溪》
槿木一绘

庭闲花自落，门闭水空流。追想吹箫处，应随仙鹤游。
——丁仙芝《长宁公主旧山池》

赭凉／绘

化身动物精灵，在大自然之美中穿梭

现实生活中，设计师们经常通过大自然来寻找灵感。他们将一些自然元素挖掘出来，并且用于服装设计上，往往能产生出惊艳的设计。这些设计让人感觉眼前一亮的同时，细细品味起来也别有韵味。

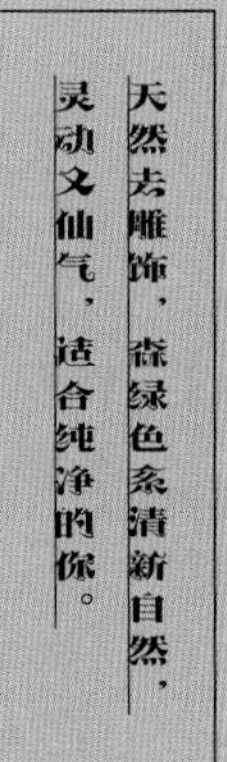

同款蓝绿色系的耳环，采用晶莹剔透的美玉制作，高贵优雅。

蓝绿渐变的流苏耳环，带有厚重的历史风格，是很多名媛热爱的首饰款式之一。

灵感来自在森林中跃动的小鹿。下垂的流苏宛如小鹿身上茸茸的细毛，下身短款的设计，在突出腿部曲线的同时，也和小鹿细长的鹿腿相对应，带着灵动的气息。扎起两个可爱的包子头，就像长出了鹿耳朵一样可爱哦！

盘扣，也称为盘纽。它不仅有连接衣襟的功能，更是整个造型的点睛之笔，生动地表现着服饰重意蕴、重内涵、重主题的装饰趣味。

云纹，是古代汉族吉祥图案，象征高升和如意。

琵琶袖，汉服袖型的一种，多见于明制汉服。

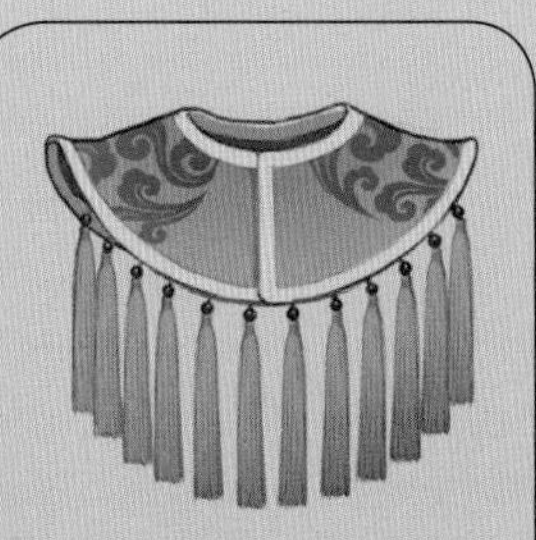

肩帔，古代披在肩背上的服饰，源自于古代贵族妇女的礼服。

蓝松石，一眼望去如同潭中明月般皎洁光霁的蓝钻松石，展现出极能令人心醉、浑然天成的形态之美，佩戴起来气质绝佳。

现代风格的百褶裙，添加了不少青春活力。

绣有精美花纹的粗跟高跟鞋，系带设计完美体现脚部的纤细。

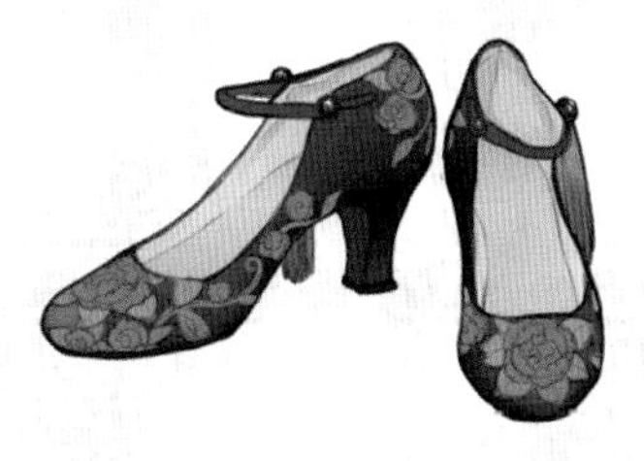

赭凉／绘

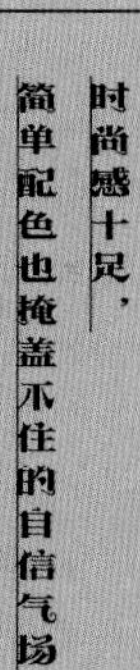

用于照明的手提灯笼，在电器发达的今天虽然已经实用性不强，却是极为独特的搭配单品。

由高贵优雅的鹤激发的灵感。

经典的红白黑一直是当红不让的色彩搭配。黑白能够低调中和红色的浓艳，而热情的红色给予黑白别样的活力，三色搭配撞击出绝妙效果。简单的款式和大胆的配色，虽然少了点少女感，但增添了许多自信成熟的气息。

双肩绣有精致的云纹绣花，在黑底布料的映衬下更显高贵。

白色裤身，红色绑带，红白的搭配时尚又抢眼。

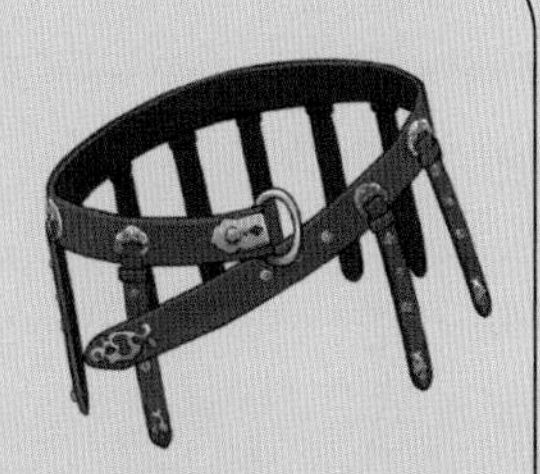

在古代，蹀躞带通常是皇室宫廷、达官显贵的喜好之物。放在现代，此物摇身一变，成为极其时尚的皮带。但稍有重量，时间久了会比较累。

香囊外观为球形体，囊盖、囊身各作半球状，上下对称。球壳上布满镂空花纹，不仅以便香气散出，视觉上也更加华丽精致。

寒冷冬天，要温度也要风度！大大的厚斗篷可以防风也能保暖，紧身上衣突出身材曲线，绒布及地长裙和皮制雪地靴是保持温暖的重要武器。亮眼的配色减轻了造型的厚重感，身上点缀的小毛球，让人宛如雪地里轻灵的兔子。

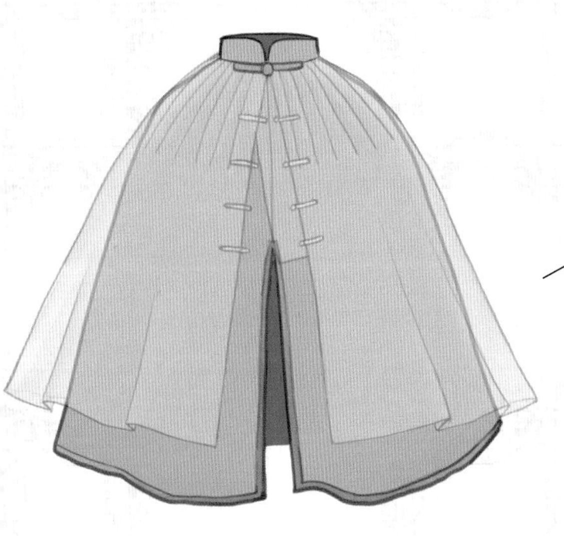

采用蓑衣造型来设计的雨衣。换以现代的防水布料，像是一个小斗篷。嫩绿的用色，仿佛散发着雨后的青草味空气。

藕粉色是优雅知性女生们的御用色彩，温软柔美，尽情地展现女性举手投足间的温婉气质。

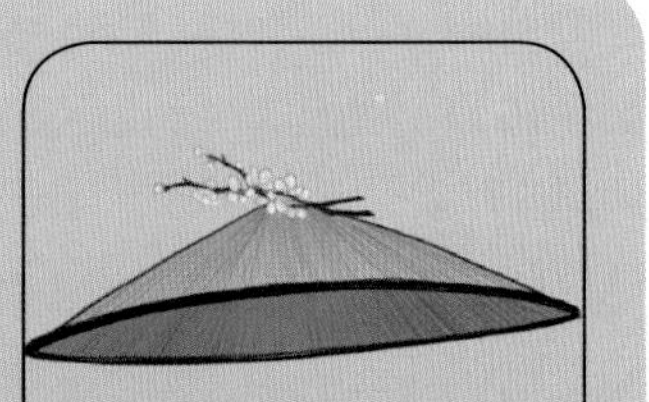

斗笠，用于遮阳光和雨的帽子。帽尖饰以几株粉色桃花，从头开始打造温婉气质。

“十八子”，源于佛教的手链，是从上百个菩提子品种中挑18颗串起来的。配上流苏和玉佩更有温润感。

远上寒山石径斜，白云生处有人家。
——杜牧《山行》
酥糖/绘

素色静雅的搭配，教你成为清纯女神

清纯是很多女生追求的穿衣风格之一，既能体现出女生们的纯真可爱，又能表现出自己最自然的一面。清纯不需要浓妆艳抹，也不需要夸张的造型，简单的穿着搭配就可以清纯感爆棚。

感性蓝色，美得宛如静谧的湖水，为炎热的夏天「视觉降温」。

外套的设计灵感来自传统的对襟褙子，领口有精致的刺绣花纹，布料上的印花是代表幸福和幸运的四叶草。

蝴蝶结搭配双流苏的头饰，可以选择佩戴在头部两边或者后脑，走动时流苏随着身体一摇一晃的，让人觉得活力满满。

清爽的豆绿色搭配清纯的白色，宛如森林里的小精灵一般轻盈灵动，因此整套衣服看起来并不会单调乏味。里衫是同为交襟领口款式的中衣，搭配齐膝的半裙，清新的色系非常值得尝试哦！

手绘了花朵细枝的素色折扇，骨架部位有精致的镂空花纹，配上绿色的流苏，让这把扇子朴素而不失雅致。

有点坡跟的单鞋，不仅拥有流行的后跟曲线，日常生活中行走久一些也不会觉得累。

酥糖/绘

古语有“君子无故，玉不去身”的说法，由此可见玉佩在古代的地位。而把一个人的内心比喻成无瑕的美玉则是称赞此人具有崇高的美德，温润如玉。

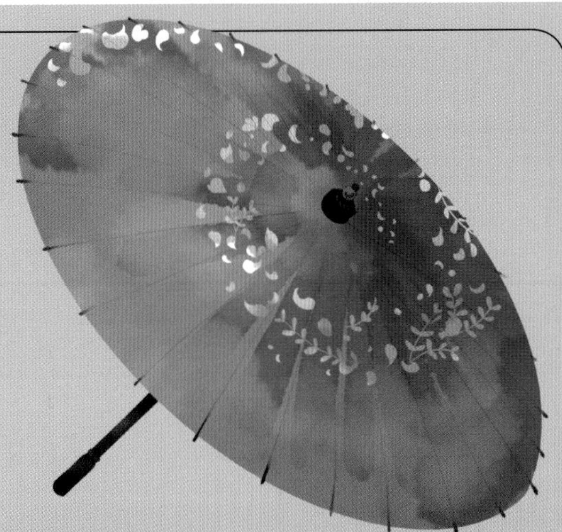

蓝色底色并带有水彩上色的水渍感的油纸伞，印有旋转的花瓣图案，层次感十足。

粉色娇柔可爱，红色热情似火，散发出与众不同的青春气息。
裙子的上身是交领设计，搭配暗红色的高腰半裙和老布鞋。裙上和鞋尖的花纹是取自古代松针纹，加了些许儒雅气息，配上现代风格的浅色花边，甜美鲜艳却又不失大方稳重。
在袖子和胸部以下有一层半透明的雪纺薄纱，增加了轻盈飘逸感，还有防晒作用。
裙摆是荷叶与荷花的印花，荷花寓意纯洁、高尚和吉祥。
酥糖/绘
同色圆头皮鞋更是添了几分流行的甜美感，显得更加可爱。
襦裙改良而成的这套汉元素，搭配上明黄色的丝带，在裙袂飘飞之间尽显少女的娇俏姿态，完美衬托出清纯少女的阳光气质。粉色也代表着少女的梦幻唯美，但是粉色比较适合皮肤白皙的女性，肤色偏暗黄的女性要稍微考虑如何搭配啦。

袖子是现下流行的花瓣袖，不仅可以完美遮住手臂的拜拜肉，还不失飘逸美。

细腻的绣花凸显服装的精致。

仿真牡丹花加上流苏和飘带，整体取色粉嫩少女，增添活力的同时不失大气和华丽。

绣有小花的布鞋，穿起来舒适又透气，红色更添活泼可爱。

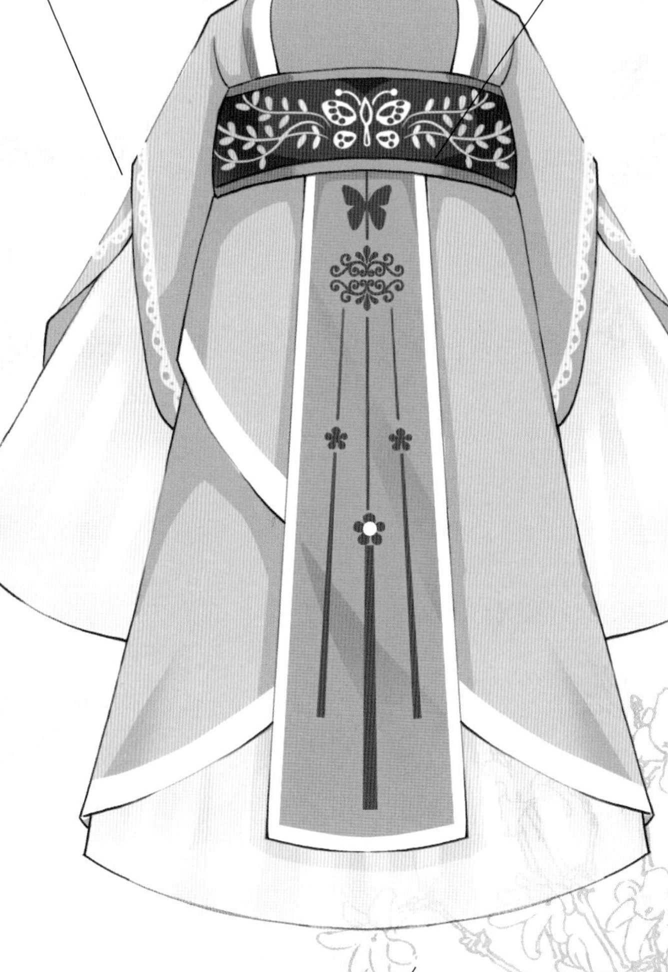

采用了曲裾的元素，都有一幅向后交掩的曲裾。

酥糖/绘

唯美紫色，格调高雅自然，几分钟似身气质小公主。
整体简约但不简单，百褶裙可以遮掩不够完美的臀型和粗壮的大腿，半透明的薄纱加上简单精致的绣花、配上淡紫色的交带皮鞋更加衬托出浓厚的文艺气息。还有紫罗兰色特有的唯美浪漫，整个人都宛如被笼罩在一层紫罗兰花香的氤氲之中。
一层轻薄半透明的紫罗兰色薄纱，轻轻覆盖在纯白的中衣上，紫罗兰色让人感觉内敛温婉。
交领上衣加上流行蓬蓬裙，裙摆的花边和衣袖的镂空花纹都体现了精致感，宽袖的设计更显优雅庄重。
半裙上精致的兰花刺绣，为造型添上了几分儒雅的气质，含蓄唯美又精致。
酥糖／绘
带有梅花刺绣的紫色绸带，作为发带或腰带使用都非常合适。

初春的嫩绿色，仿佛会有氧呼吸。
长款文艺，短款活力，总有一款适合你。
绣花的淡绿色褙子式小外套，配上绣有精致竹叶花纹的抹胸短裙，可爱又有活力的少女即刻呈现眼前。袖口和裙摆的花边更添少女的甜美气息。鹅黄和淡绿的配色柔柔透透，静如淡然优雅的青竹，动如微风中飞舞的银蝶。
米黄色的帆布做成的小挎包，可以装下钱包钥匙之类的小物品，出门很方便哦！
绣有荷花的圆形团扇，为盛夏送来丝丝凉风，犹如池塘上吹过的一缕清风。
酥糖一绘
对襟中衣配上薄纱外套，舒适飘逸的长裙，精致的民族风绣花鞋，配色温婉秀美。上衣的衣袖和裙下摆绣有复古花纹，青色的嫩叶和枝蔓衬托白黄色的小花，微风吹动起裙角，连空气都仿佛弥漫一股江南的柔情。

风软湖光远蔼磨，春衫初试薄香罗。
——韩流《浣溪沙·试香罗》

鸦青染/绘

水墨风衣裳的知性美，不同搭配营造不同感觉

充满知性美的水墨风衣裳，是文艺青年们很值得收入衣橱的服饰之一。通过不同颜色、不同款式的搭配，同是水墨风的服饰，亦可营造出完全不同的感觉。灵气小姐姐、清纯学生妹、文艺女青年……根据不一样的场合和心情，来更换最喜欢的装扮吧！

田园风，追求淳朴与自然之美。一般以白色、米色、黄色、绿色等浅色系为主，小碎花也是田园风格必不可少的元素之一，花朵象征着浪漫，散发着浓郁的田园风情，让人感觉充满生命力和活力。

简单可爱的学生系装扮，亲切感十足。

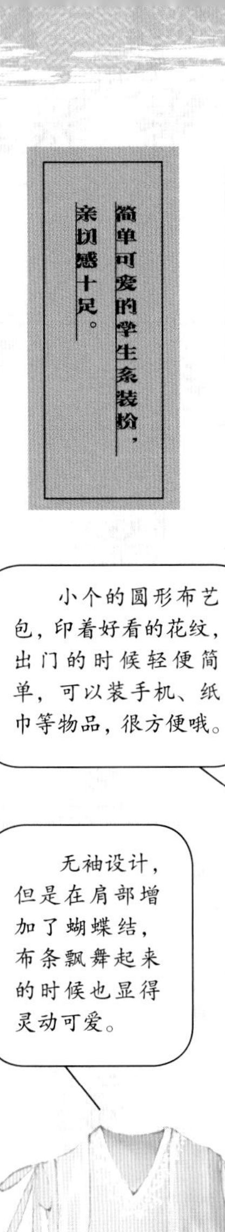

这套衣服借鉴了民国时期的学生服，同时结合了交领襦裙的设计，采用了比较大胆的撞色设计，藕粉色充分表现了春天的气息，与最接近自然的绿色相搭配，仿佛就是开满桃花的春天，清新脱俗。

知性文艺范儿，举手投足散发优雅气息。

浅蓝色的薄纱系带罩衫，轻盈飘逸的薄纱，能带来一种气质和活力。清透干净的颜色，能映衬皮肤的白皙娇嫩，看起来气色更好。

同色系的发圈，一边还缀有蝴蝶结和流苏。

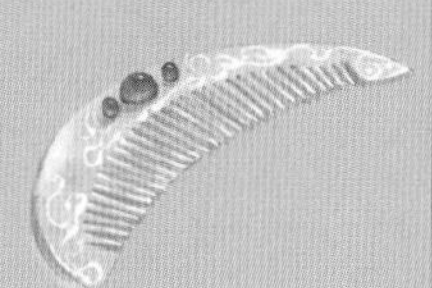

与水湖蓝十分搭调的银手镯，中间镶嵌的蓝玉石是点睛之物。

蓝色的梳子，上面点缀了几颗宝蓝色的玉，优雅又知性。

珠链，可以用来当脖子的挂饰，也可以在手腕上多缠绕几圈当成手链用哦。

现代设计的半臂，其实可以有两种穿法，一种是如图把半臂内穿，还有一种是把半臂外穿。内穿显得比较可爱娇小，外穿也有不一样的风情，可以自己随意选择。

鸦青染/绘

衣服和裙子下摆都印有碎叶的花纹，尽显唯美优雅。

荷花图案的印花，配上裙身上的水渍，就像出水芙蓉般干净。

知性是在女生群体中一直被谈及的搭配风格，区别于少女的清纯，但是也不会显得成熟性感，她们有一颗温柔似水的心，用知性之美撼动心灵。

穿上色彩斑斓的裙子，奔赴一场多彩的时尚之约！

少女，是世界上一切美好事物的代名词。她们的一举一动、一颦一笑都充满着活力和青春的气息。无论是什么类型的服饰，都有它『少女』的一面。这种『少女感』，无关穿衣人的年龄，合适的即是最好的，每个人都可以是闪闪发亮的『少女』。

而汉元素的『少女心』，是传统与时尚、古典与可爱的结合，是绚烂多彩的、青春洋溢的甜。转动五光十色的裙摆，让色彩跳动于心上。

日出江花红胜火，春来江水绿如蓝。
——白居易《忆江南》
五方莲子／绘

五方莲子／绘

水漾色彩冰激凌，穿出软萌甜姑娘

厌倦了平淡的黑白灰，也不喜欢刺眼的荧光色？明媚柔和的冰淇淋色适合游走在中间的你。把甜而不腻、淡雅而不单调的冰淇淋色穿在身上，仿佛空气中都弥漫着淡淡的甜。用这细腻的色彩，散发出自己童真又充满生机的一面吧！

甜心专属草莓粉，一秒变身软妹子！

草莓粉可谓是“少女心”的代表色，无论是怎样气场的女子，一旦穿上草莓粉色的衣裳，都会增添几分温柔的气息。草莓粉，是少女的浪漫保护色。

融入小洋装元素的齐胸襦裙，一整套的粉色服饰，衬托得肌肤更加雪白，看起来就像一只可爱的小草莓，让人忍不住想咬一口呢！

五方莲子/绘

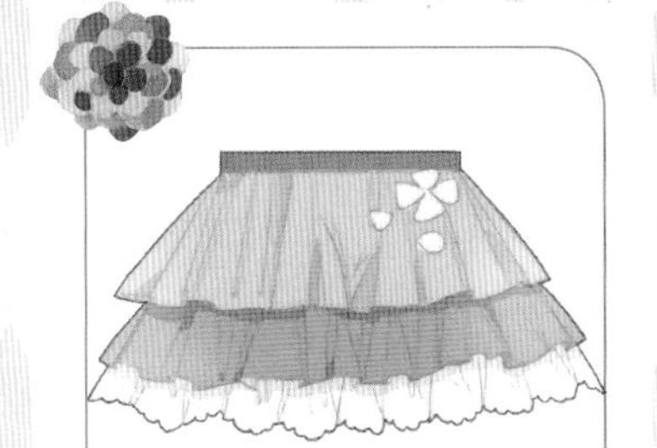

百褶打底裙裤，各种深浅的粉色堆积在一起，像是一块可口的草莓蛋糕。

小袜子也戴上了“小翅膀”哟。

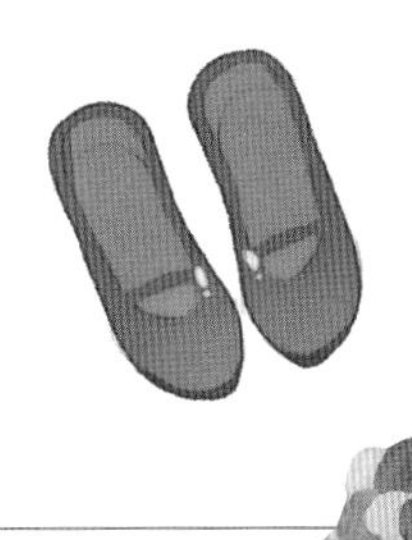

草莓粉和鹅毛黄的配色浪漫美好。吊带边上的蕾丝，宛如一双小翅膀，加上百褶裙的设计，整套衣裳看起来很是轻灵。

五方莲子／绘

和喜欢的他约会！恋爱气氛满溢的粉橘色

温婉俏皮的粉橘色，无论是作为化妆品来装点妆容，还是作为服饰来衬托白皙肌肤，都十分有活力。暖暖的色调，宛如沉浸在恋爱氛围中的甜蜜少女。

熊猫图案的拨浪鼓也是个不错的凹造型工具。

纱质的喇叭袖轻盈有活力。

交领上衣搭配百褶短裙，心心过膝袜上的绝对领域是萌妹子的可爱小性感。从头饰到手链，再到脚链，最后到上衣的饰品，都有橘色系的珠子和蝴蝶结装点，像是一颗颗甜甜的橘子味糖果，散发着淡淡的清香。

五方莲子／绘

浅棕色交叉带单鞋，舒适柔软的皮质，暴走也不怕累！

五方莲子／绘

高贵冷艳的雪青色，是酸酸甜甜的紫葡萄

雪青色，是紫色中偏冷的部分，又称青莲紫或紫罗兰色。冷调偏多的雪青色，看起来给人高冷的感觉，实际上它是温柔又百搭的颜色呢！

泡泡袖的小外套，既可以遮住手臂上的赘肉，又可以凹造型。

黑色 choker 配蓝玉石，点睛之饰。

流苏竹筒包，很适合外出时装一点补妆的化妆品。

蓝紫色为主，雪青色为辅的这套改良无袖曲裾，裙子是两层围绕，表面有薄纱笼罩，底下是雪青色衬裙。虽然色调高冷，却有种少女的青涩感，也是另一种萌点呀！

五方莲子/绘

小鸟加紫玫瑰的头饰，还可以当胸花。

中袖短款小外套，用淡粉色修边，花瓣形状很是可爱。

V 领挂脖式绑带蛋糕裙，性感与可爱的完美融合。腰间的蝴蝶结和裙子的渐变效果，加分加分加分！

大蝴蝶结口金包，吊坠上的蓝水晶让人挪不开眼睛。

紫蝴蝶玉佩上的亮粉色纹路仿佛在放光。

樱花粉和葡萄紫的混色高跟鞋，前有防水台可以缓和脚酸。

五方莲子／绘

浪漫春日，百变少女的花漾衣橱

花，是时尚界十分常用的设计元素。每一种花自身就有各种不同的形态，因此可以塑造出变幻多样的不同服饰。花儿的代表色和花语，更是为衣裳增添意境，无论季节如何变换，花衣裳都可以让你感受到繁花似锦的晴朗。

浪漫桃花粉，撩动少男少女心

虽然同是粉色系，但花语为“爱情的俘虏”的桃花，似乎比起甜美可爱的草莓粉，多了几分梦幻浪漫的感觉。桃花粉可以衬托好气色，不过黄皮妹子还是慎穿哟。

裙摆和小外套的衣袖都铺满桃花的这套衣裳，迎面扑来就是满满的春天气息呢！桃花粉和Tiffany 蓝的撞色和谐又清爽，还能衬托好气色。

粉红、白色、粉蓝和粉绿混搭在一起的桃花发饰，温婉得可爱。

淡粉色的扇面上是盛开的莲花，淡淡的波浪纹很有夏日池塘的清爽感觉。

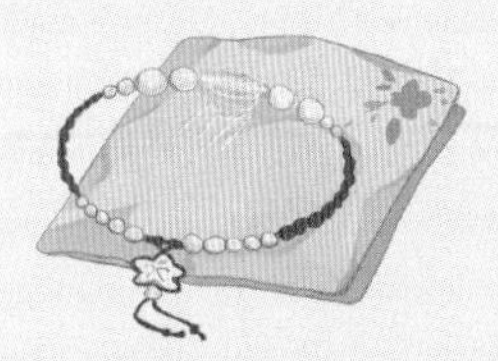

粉嫩的手绢和晶石串联的手链，用细节为自己增分。

一袭红衣扶桑花，热情爽朗美女子

红红火火的扶桑花给人热情、强烈的感觉，然而它的花语却是“纤细美、体贴美、永葆清新”之类，以及“新鲜的恋情”呢！扶桑红的衣裳亦是如此，看似大大咧咧，实则心思细腻，把穿衣人打扮得美美地去遇见“爱”。

以直裾为灵感设计的这身红衣长裙，在裙边用簇成花般的白绸修饰，下摆的薄纱也很是轻柔，为爽朗的扶桑红增添几分柔和之美。

白梅红底的油纸伞，雨水滴落，宛如清晨扶桑花上的露珠。轻轻转动，扶桑盛开。

遇见矢车菊，遇见粉蓝色的幸福

矢车菊的粉蓝色，给人如初生婴儿般的无害感，可爱却不矫情，突出女性的柔美。

水粉蓝的短款小外套，小飞袖的设计清爽又甜美。

裙子的表面是一层薄纱，朦胧的感觉更显柔和。

粉蓝色的改良齐胸襦裙，A字娃娃板型甜美可爱，还可以挡住肉肉的臀部和大腿。中裙的长度，搭配上稍有高度的单鞋，就可以拉长小腿比例。

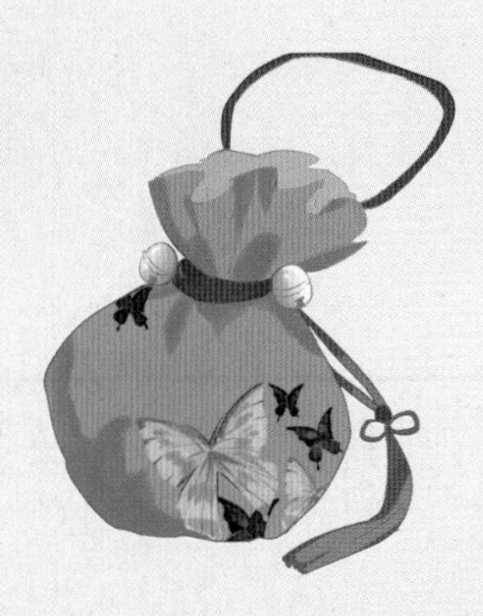

蝶恋手提包。束口设计拿取东西很是方便，包包鼓鼓的也非常可爱。

深羽｜绘

橙黄色搭抹茶绿，月季的不老魔法

抹茶绿的改良对襟襦裙，以月季花为设计元素，整套衣裳都充满了青春活力的气息。衣袖和胸口边上都绣上绿色蕾丝，少女感满满。

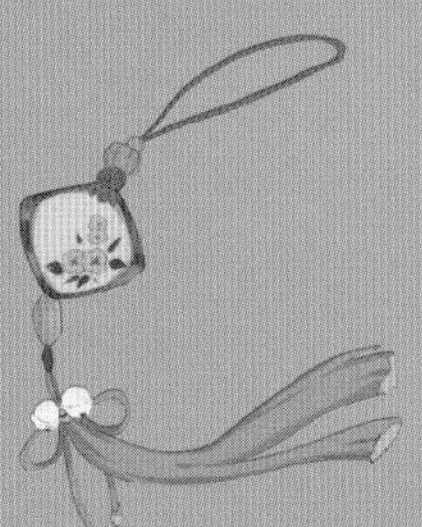

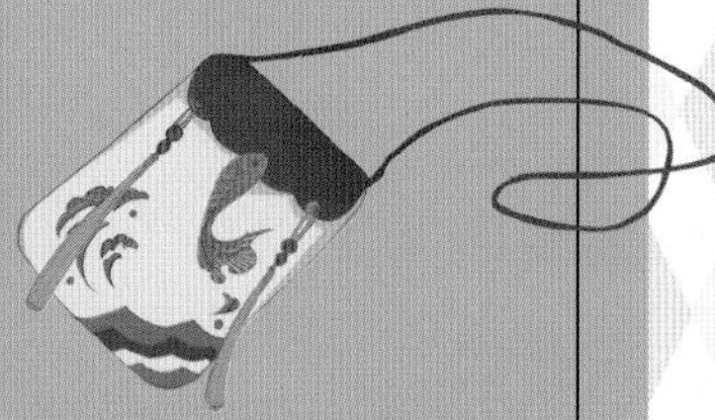

可以挂在腰间或包包上的小香囊，让你随时随地散发淡淡清香。

鱼跃小挎包。搭扣是红色的鲤鱼，配上汹涌的波浪，很是生动。

深羽／绘

优雅的牵牛紫，用花朵牵引神秘

牵牛花的花语是“爱情、冷静、稳重”，一如这沉着的紫。腰带系成了大蝴蝶结，平添一些俏皮可爱。灯笼袖的设计，在最纤细的手腕处绑带，遮肉又显瘦。

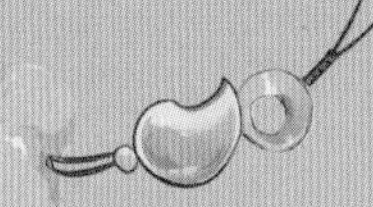

晶蓝的勾玉挂饰，香芋紫色的流苏和毛茸茸的俩团子很是可爱。

短长条拂短长堤。
上有黄莺恰恰啼。
——田庶《湖心亭》
千步菌／绘

混搭风汉元素，挡不住的百变魅力！

作为时装界的新生儿，汉元素的包容性及可搭配性非常强，除了常见的lolita混搭汉元素外，还有很多其他的值得尝试的搭配。

小洋裙搭配传统印花，吸睛的复古俩！

裙边带有精致少女的蕾丝花边，裙身印有传统的印花，内部穿着钟形裙撑能让裙子更加蓬松美丽。

奶白色的丝袜，沿着腿部延伸的格子印花是亮点，能修饰腿部曲线，避免单纯的白色带来的视觉臃肿。

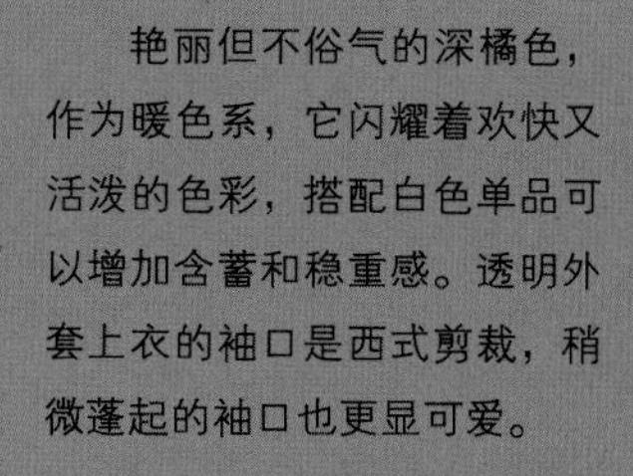

艳丽但不俗气的深橘色，作为暖色系，它闪耀着欢快又活泼的色彩，搭配白色单品可以增加含蓄和稳重感。透明外套上衣的袖口是西式剪裁，稍微蓬起的袖口也更显可爱。

透明罩衫可以搭配人物所穿着的套装。双层的荷叶袖清爽又显瘦，同时也是时下热门的元素之一。

可爱又清爽，水手服的「汉属性」。

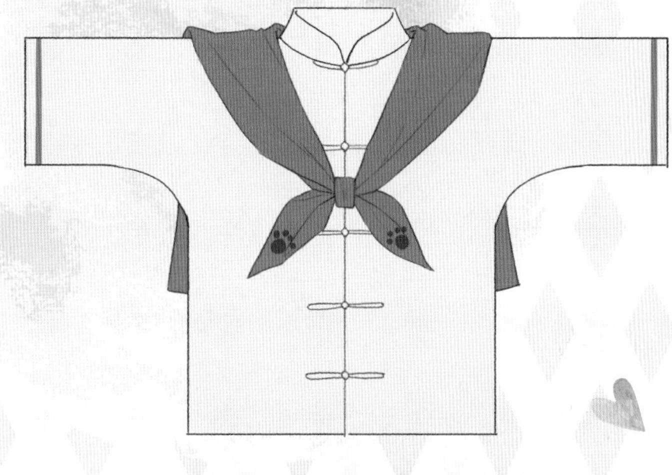

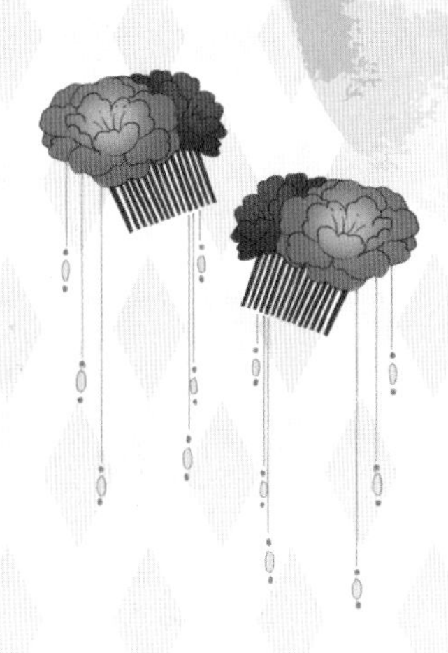

有时候出门不想梳发型，可以绑一个轻松的双马尾，只要带上发梳就可以拒绝单调。

千步菌／绘

上衣是仿明制短袄，下裙是马面短裙，披肩采用日式水手服的元素，三者完美结合，产生了这一套复古风味十足，但是也不缺少现代流行元素的服装。

胜日寻芳泗水滨，无边光景一时新。
——朱熹《春日》
千步菌／绘

裙子的主色调是米黄和绿色，裙身有三色撞色，清新靓丽就宛如美味的三色雪糕。泡泡袖上绣有民族风的图案，增加了复古的气息。

抹胸小礼服的汉式保护衣

宽袖的半袖短褙子，黄色加绿色给人一种春意活力的感觉，黄色部分是孔雀尾图案的印花，华丽又大气，和绿色的底色形成了鲜明的对比，令人印象深刻。

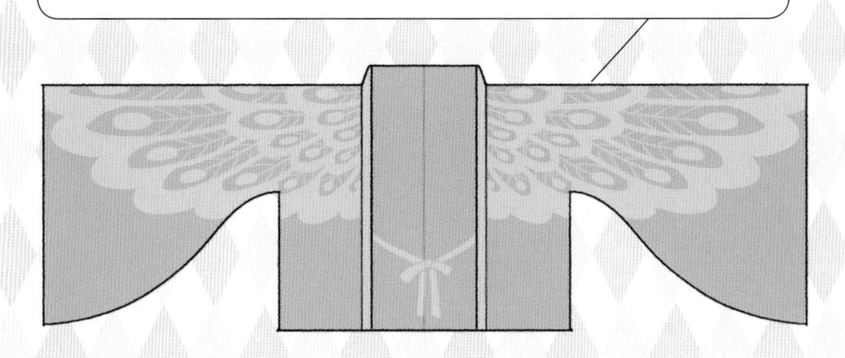

修身简单的抹胸礼服裙，外层是透明薄纱，里层渐变色让人赏心悦目，上半身的剪裁可以突出胸部线条,增加一些女人味。也可以选择搭配一个小外套，胸部比较娇小的妹子值得一试哟！

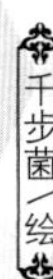

偏西式的洋装鞋子，圆头更显可爱。穿一双多层的蕾丝花边的白色袜子则增添了华丽甜美的感觉。

千步菌／绘

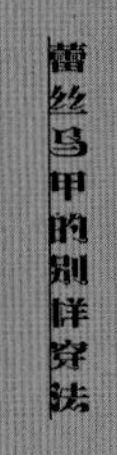

浅紫色的马甲，内搭西式衬衫，让服装整体更偏向现代感，干练又成熟。

下半身是马面裙，过膝盖的长度多了几分古典和温婉，裙摆正面绣有金黄色的牡丹花花纹，简单又典雅。

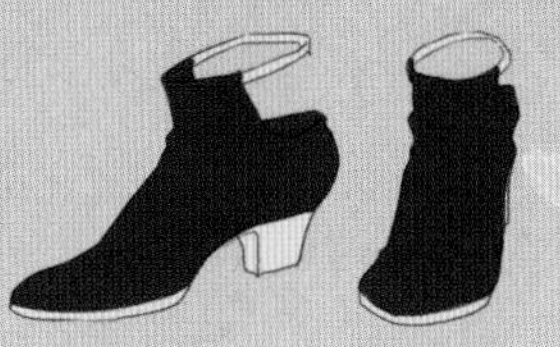

日常感的驼色风衣、同配色的口金包，以及可以和图上人物替换的裸靴，都给整体增添了成熟的气息，在职场也适合穿着的成熟女性装扮。

紫色系列通常给人高贵优雅的感觉，配合衣服修长的款式，还透露出一种成熟知性美。将西服元素和汉服元素相结合，当成工作服来穿也不会显得过于突兀，还能让人记忆犹新。

千步菌/绘

棒球衫和褙子的混合魔法

对襟齐腰儒裙的变体，粉色下裙较短，上衣外搭深紫色鱼鳞纹褙子，加入棒球衫的剪裁元素，相当具有个性。

配搭大腿袜和项圈，带有点原宿街头风格，俏皮中又带一点叛逆，体现了更加强烈的日常搭配感。

洛丽塔 mix 汉元素，中华 lolita 的独特吸引力

Lolita 的甜美可爱和传统汉服的经典元素融合在一起，碰撞出五光十色的火花。

肩部采用云肩元素，云肩作为汉民族的服饰文化中一种独特的服饰形式，其装饰性自古以来都被女性所青睐。

裙身上印有芍药花的图案，淡紫色温润又迷人。多层的剪裁让裙子看上去更有层次感。裙摆的花边也是洋装的主要特征之一。

清丽的雪青色很显淑女的气质。在款式上，传统的旗袍上衣配上 A 字裙是现在中华风 lolita 中的主流板型。A 字蓬蓬裙是洋装最显著的特征，旗袍相对比较紧身，两者结合起来既可以修身也可以带有现代洋装风格。

领口是方领设计，同时也采用了部分云肩的元素，领口部分的设计是整套衣服的亮点。衣袖是珊瑚色半透明的纱制布料，多加了几分含蓄。
裙身印有粉色的小碎花，配上中国结小元素，在细节部位也可以充分体现中华汉元素风格。
珊瑚色，由红色和黄色调和而成，所以也具备了这两种色彩的特性。色彩明快而温暖，新鲜而富有生机。带着浓烈与妖艳的珊瑚色，就像夏季的石榴般让人欲罢不能。红色与黄色组成的珊瑚色也是黄色肌肤的亚洲人比较保险的选择。
槿木/绘

文艺的蕾丝袖口是这套服饰的亮点，灯笼袖再配上可爱的丝带蝴蝶结，可爱效果翻倍！
背心长裙的裙摆是不对称剪裁的，和传统设计的常用方式相比，不对称设计更加灵活出位。
槿木/绘
圆形小挎包是太极形状的拼接，印有和衣服同款的小鹿花纹。
头饰是贝壳和小红果子的组合，给整体多增添了自然的气息。
尖头翻皮单鞋

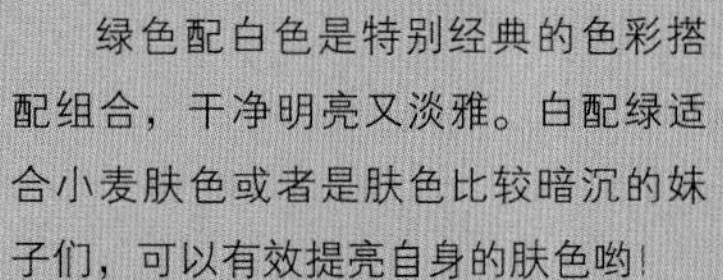

绿色配白色是特别经典的色彩搭配组合，干净明亮又淡雅。白配绿适合小麦肤色或者是肤色比较暗沉的妹子们，可以有效提亮自身的肤色哟！

裙身绣有蜡梅枝的图案，蜡梅有“澄澈的心”的寓意，为服饰增添了几分内涵。

含有黄色花朵元素的单品，跟裙子搭配起来宛如天作之合，仿佛整个人都沉浸在春天的花田一般。

热情奔放的中国红，
和黑白色是最好的搭档！

外搭采用的是短款褂子的造型，内搭交领上衣，袖口是现下大受女生欢迎的泡泡袖，增加了甜美可爱感。

裙身和上衣都采用了传统刺绣的鲤鱼翻浪。白色刺绣和深灰色的布料形成了鲜明对比，简洁又不失华美，满满的复古风格。

红色一直被誉为中国的代表色，红色配黑色的搭配很大胆、鲜明，在茫茫人海中也能被一眼就认出来。服装主设计元素是锦鲤，裙子上也绣有锦鲤翻浪的图案。锦鲤作为中国自古流传下来的贵族观赏动物之一，带着浓厚的东方风情，一直被各国设计师所钟爱。

槿木/绘

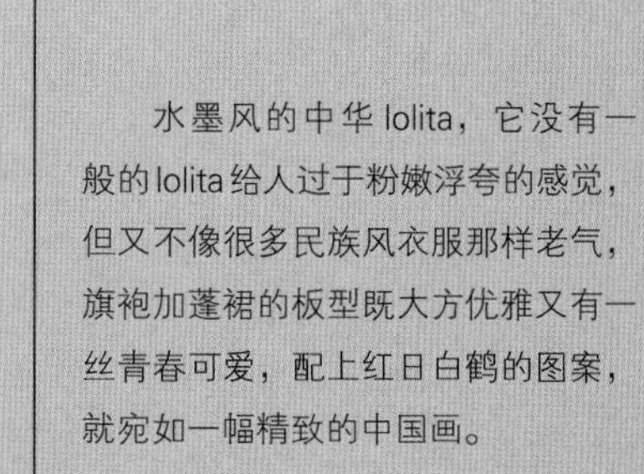

水墨风的中华 lolita，它没有一般的lolita给人过于粉嫩浮夸的感觉，但又不像很多民族风衣服那样老气，旗袍加蓬裙的板型既大方优雅又有一丝青春可爱，配上红日白鹤的图案，就宛如一幅精致的中国画。

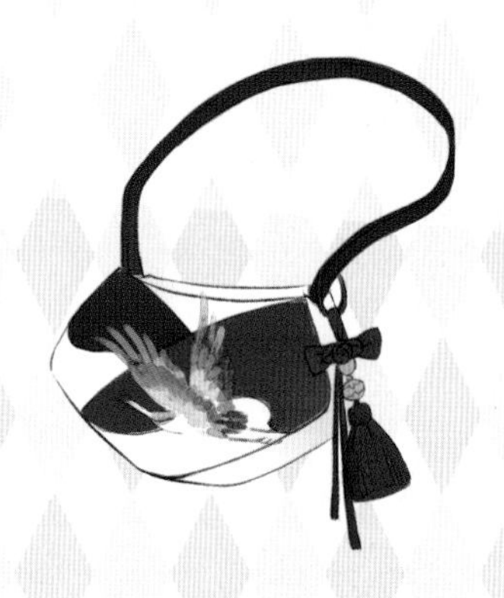

手包运用了拼接色块和中国风的小挂饰，简洁大气。表面还绣有和衣服相呼应的白鹤图案。

黑白拼接的粗跟凉鞋，点缀有白色小花的装饰，整体不会显得过于花哨而喧宾夺主。

槿木/绘

逛街搭配指南，教你成为街头时尚达人！

大多数女生们都抵抗不了逛街购物的诱惑，逛街不仅可以暂时忘记学习工作上的烦恼，还能满足女生们对美的追求，逛街的同时也是个展示自身魅力的大好机会，让我们把自己打扮得美美地去逛街吧！

不如尽此花下欢，莫待春风总吹却。
——鲍君徽《惜花吟》

天阶夜色凉如水，坐看牵牛织女星。
——杜牧《秋夕》
古道
夜阑小米/绘

花点小心思，轻松打造 shopping look！

每次出门逛街都很苦恼穿什么吗？其实搭配并没有想象中的那么困难，根据自身的身形来选择不同款式的衣服，从而突出自身的优势并且掩盖自身的不完美，加上搭配的小饰品，就能让人眼前一亮！

收腰款式，凸显精致小蛮腰。在视觉上丰胸，塑造曲线身形。

纯白＋粉红＋蓬蓬裙＝属于自己的独特甜美气息！

粉色和白色是经典的少女配色，不仅纯净还带有少女的娇羞。同样也是收腰的设计，蓬蓬裙还可以掩盖线条不完美的大腿哟！

走在现代的购物广场也不会觉得格格不入，时尚感十足的穿搭。

绿色系显清新自然，细腰加上飘逸的下摆，不夸张，但是适合自己就是最好的！

夜阑小米／绘

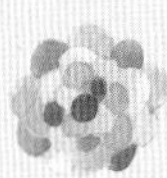

水珠状的耳环，尽显高贵优雅。最适合方脸的女生，可以修饰并柔和棱角。

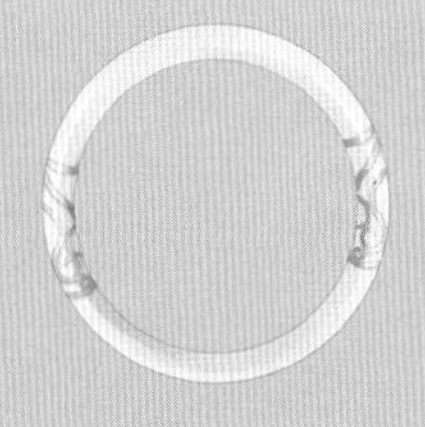

镶有精致金色花纹的玉镯子，可以显示个性，也可以修饰手形，两全其美。

素色团扇，花边让扇子整体看起来简洁大方但是不会太单调，在炎热的天气携带着，美观又实用。

采用紫色系的布料，增加了神秘优雅的感觉。袖子采用双层荷叶边的设计，可以完美掩盖拜拜肉。宽大的腰封，塑造魅力腰线，曲线完全凸显！

夜阑小米/绘

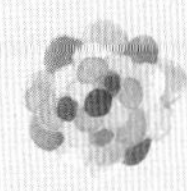

简单不单调的休闲style，
妈妈再也不怕我逛街累啦！
简单的搭配，透露出纯真又青春的活力！
简单的半臂增加了活力感，及膝的裙子长度恰到好处，不会太短需要时时注意防走光，休闲方便又舒适。
栀子花造型的流苏发簪，仿佛每走一步都飘着花香。
小巧可爱的小镜子，是女生们出去逛街的必备物，随时随地都要保持美丽。
夜阑小米/绘

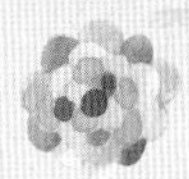

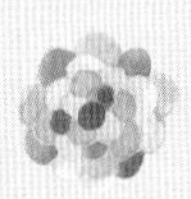

朱红色的老北京布鞋，鞋边带有精致的绣花，鞋面的蓝色流苏和红色的鞋身形成鲜明的反差，让人过目不忘。

粉色系的半臂短裙，粉嫩嫩的，就像草莓味道的棉花糖，散发着少女般的甜甜的气息，上衣的花瓣印花给细节加分。

和粉色系裙子款式相似的蓝色系裙子。红配蓝是经久不衰的CP色。两款裙子款式相似，但是不完全一样。和好闺蜜一起逛街的时候可以尝试下闺蜜装哟。

做成花朵样式的发簪，绾一个简单的发型然后插上发簪，一瞬间宛如锦上添花，简单又好看。

夜阑小米/绘

偶尔也要尝试不同风格，古典优雅宛如画中美人。

配色和款式都比较古典的汉元素服装，由内而外透露出的温润气质，瞬间成为时尚街头中的目光焦点。

雪白的羽毛扇高贵典雅，是适合冬天的温暖单品。

设计简单的镀金发簪，临时出门拯救发型的法宝。

夜阑小米/绘

复古璎珞项圈，古时候只有富贵和官场人家才能佩戴，显示佩戴者的身份和地位高贵，由此可见璎珞项圈的华贵是被众人所认同的。

浅褐色的长袄，绣有大方简单的花纹，修长的款式可以拉长自身的身材比例，适合小个子的女生，肥胖的肉肉也能完美掩盖！

玉如意，在现代已经没有实用用途了，但是因其美观，一直作为陈列品沿用至今，有富贵吉祥的寓意。

长袖交领上衣和下裳比较适合春秋穿着，可以防风保暖。上衣的紫色花朵增加了唯美感，优雅大方。

夜阑小米／绘

大裙摆和少女的相遇，碰撞产生甜美旋风。

藕粉色的温柔，打造专属的style！

藕粉色的温软，在举手投足之间都让人感觉温柔似水。裙摆微微飘动，就像蔷薇花一般美得无法转移目光。

夜阑小米/绘

薄荷绿的独特气质，谁都可以轻松把握。

半臂的袖子采用了荷叶边剪裁，增加了飘逸感觉，加上半透明的薄纱和超大裙摆，扑面而来的甜美仙气谁能抵挡?

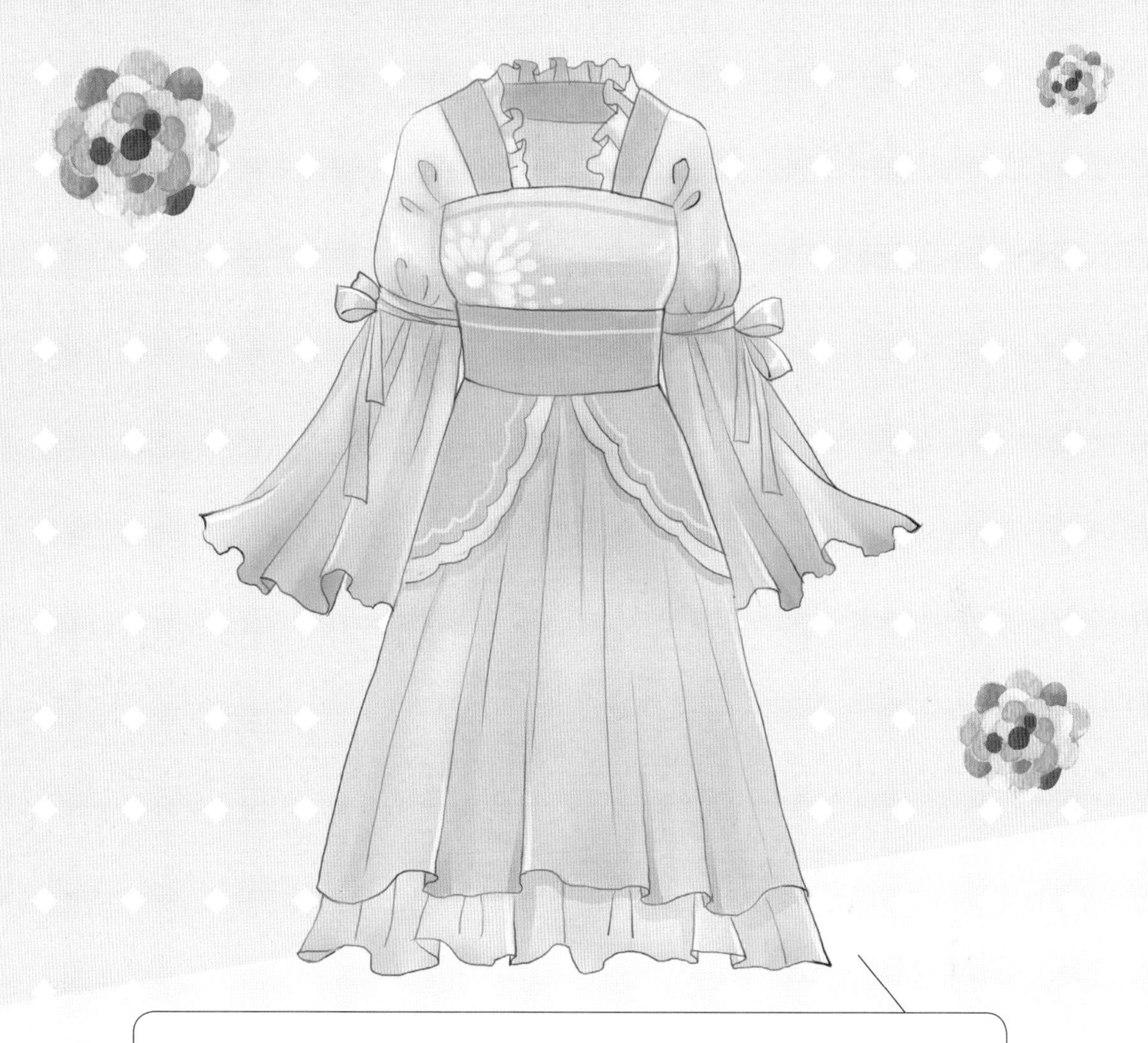

浅紫色搭配藕粉色，在温柔中加了两分高贵，本应该是两种相反的颜色，但是中和在一起却产生了极妙的化学反应。

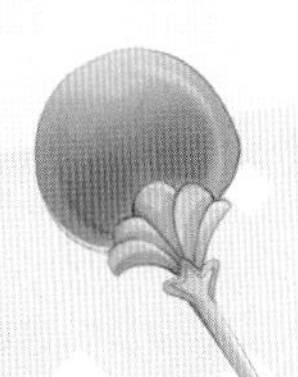

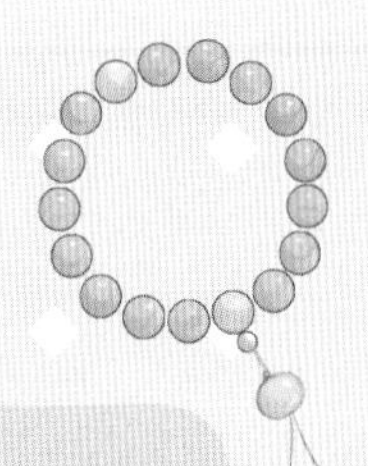

稍微有点坡跟的暖粉色布鞋，特别适合娇小妹子，穿着拉长身形，鞋头绣有精致的牡丹花图案，增加了女人味。同时，鞋面的毛绒球又增添了几分可爱。

桃红色的发钗可以提亮黯淡的肤色，让人看着气色更好。

十六珠，使用了比较少女的粉红色和青绿色的撞色，显得青春又活力！

蒹葭

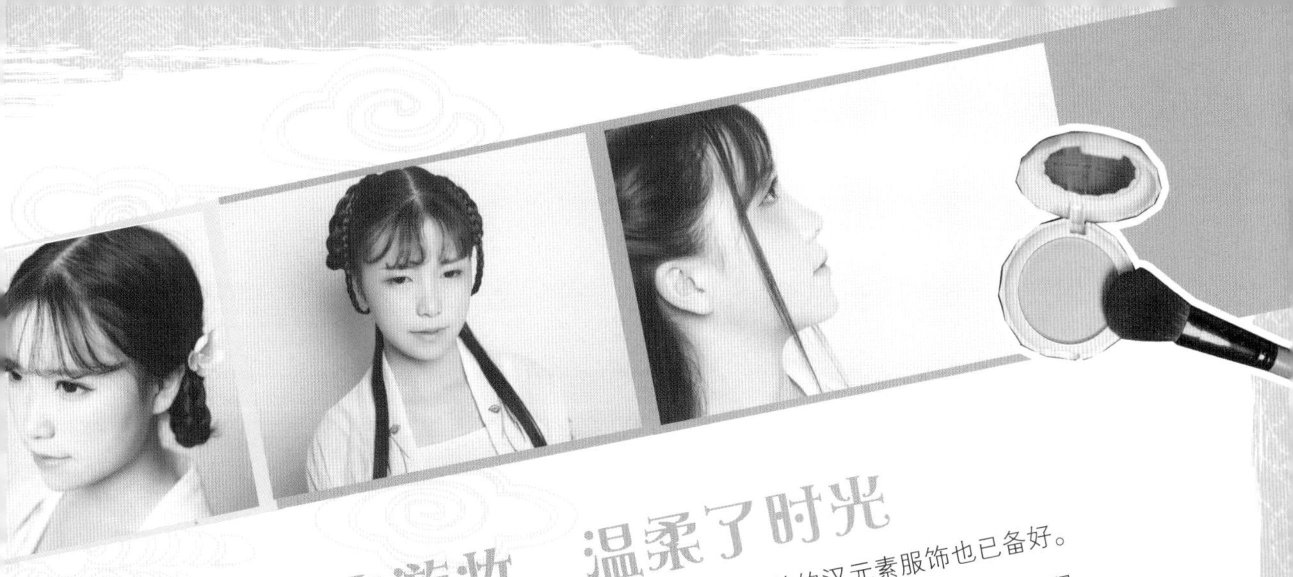

精致出游妆，温柔了时光

光阴正好，你正美丽。外出的行程已安排妥当，美美的汉元素服饰也已备好。卸下工作时的忙碌和劳累，为自己化上一个精致的妆容吧！在时间紧凑的行程中，既想省时省事又想保持美丽，简单但不粗糙的出游妆可以满足姑娘们的心愿。只需几步即可打造精致妆容，让你美美地在风景里虚度时光。

妆容教程：西萌工作室-晴晴
微博@西萌-晴晴　　哔站@o小旺.o（uid 6272357）

透亮的底妆尽显好肤色，桃红色的眼妆为少女的脸庞增添一丝妩媚。在眉间轻轻点缀上小小花钿，为整个妆容锦上添花。即使深陷人山人海的景点，也能一眼发现你呢！

桃红眼尾搭配眉间花钿

专属于你的独特小心机！

所需的化妆品和工具：

艾米尔粉底液 #02

艾米尔定妆粉 #02

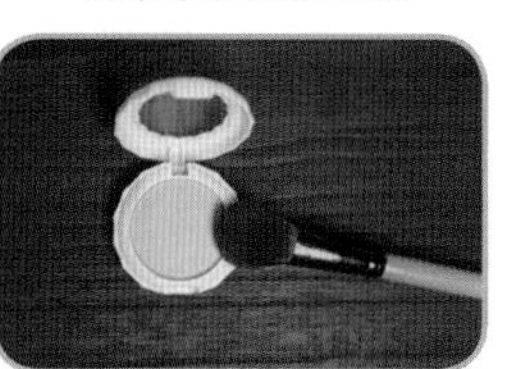

灵点腮红 #01

小猫假睫毛 D-F010

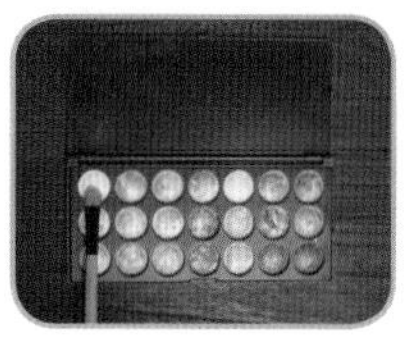

妮芮伊
21 色烤粉眼影

欧蒙眼线液笔

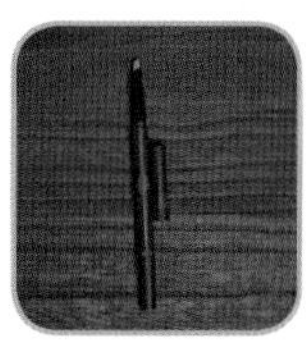

美康粉黛眉笔
黛灰

娘家四色修容

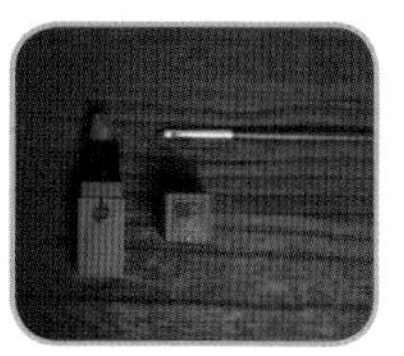

美康粉黛口红
橘子洲头

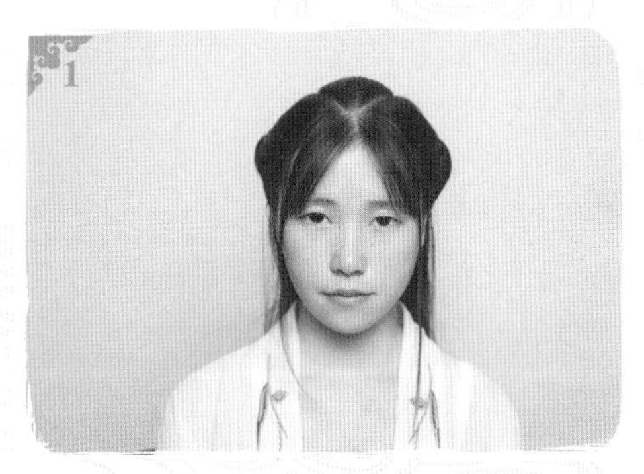

1. 素颜。

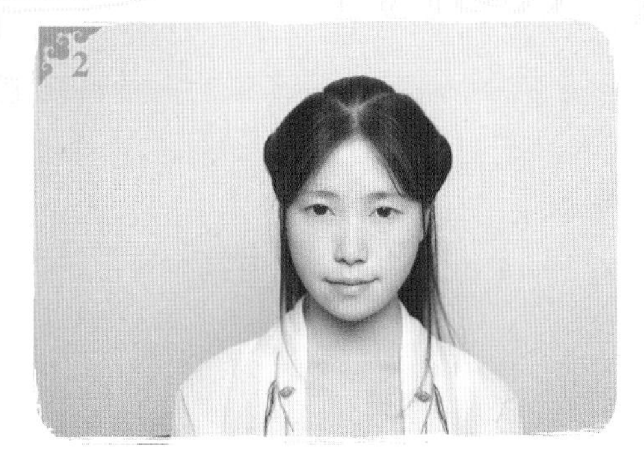

2. 上粉底液。

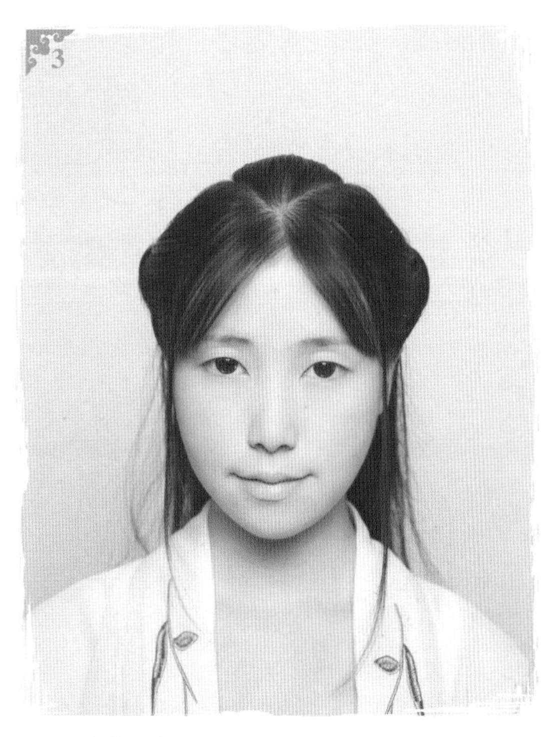

3. 上定妆粉。

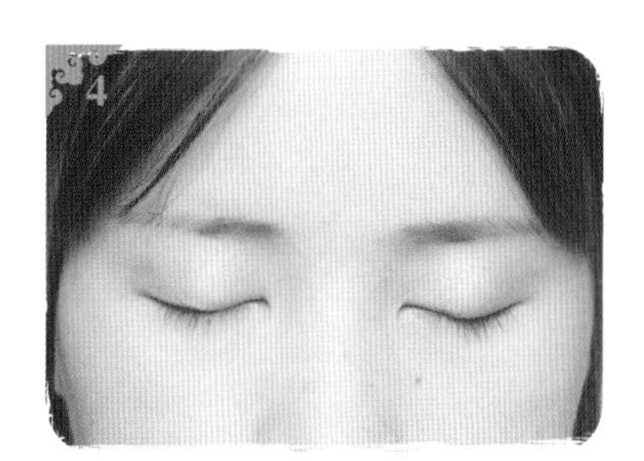

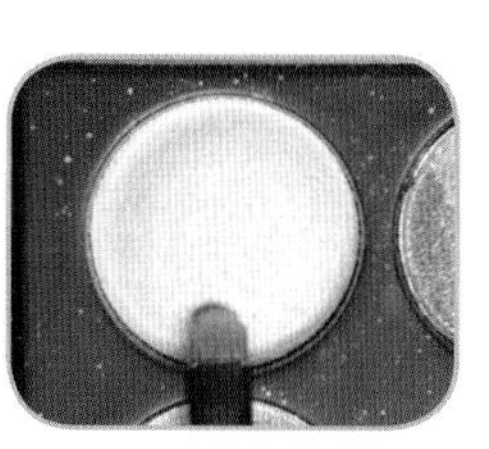

4. 在眼头二分之一处上珠光白提亮。

5. 在眼尾二分之一处和太阳穴以及颧骨连接处，均匀涂上腮红。

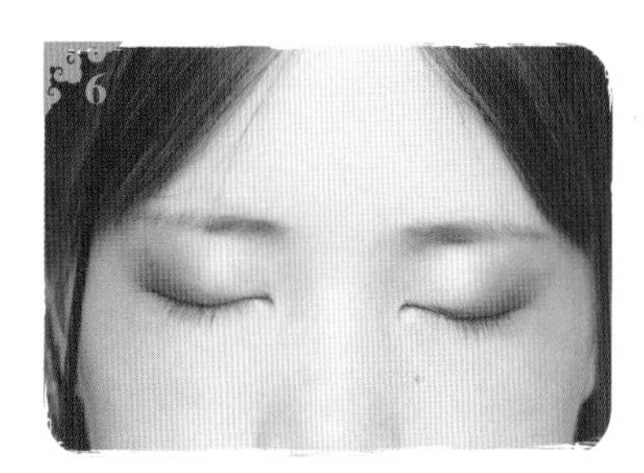

6. 眼尾靠近睫毛根部用红色眼影加深过渡。

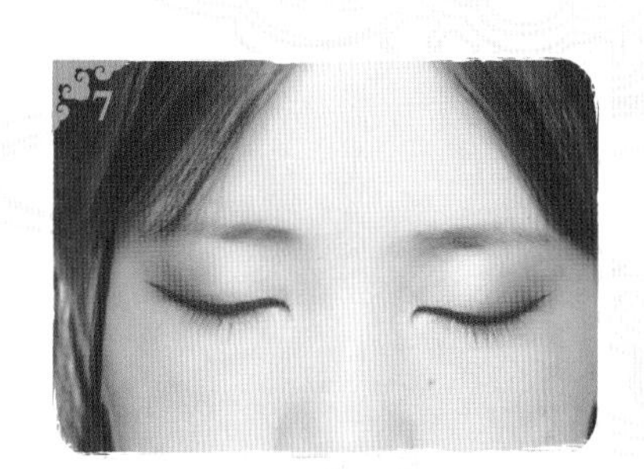

7. 用眼线液笔画眼线。

8. 贴上硬梗眼尾加长假睫毛。

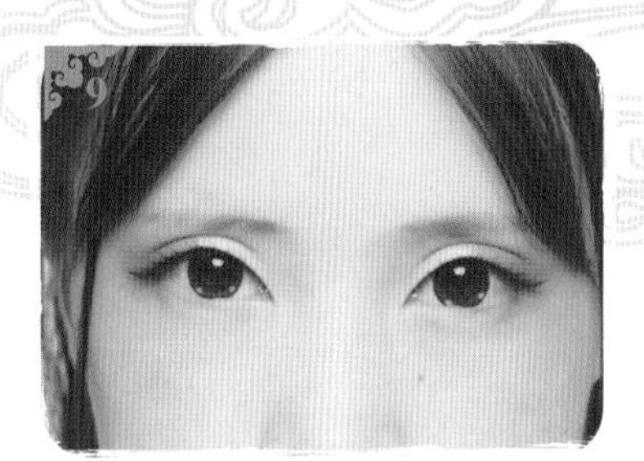

9. 睁眼效果。

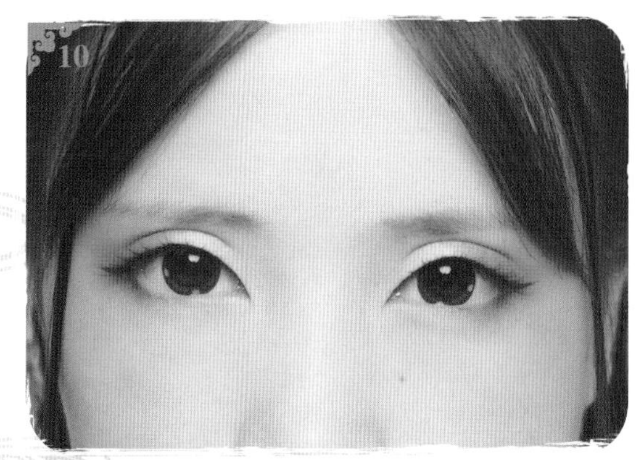

10. 眼尾后三分之一处用深咖色眼影过渡晕染。

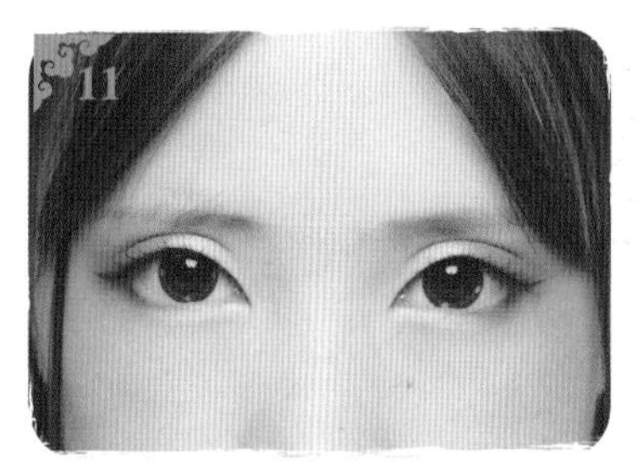

11. 眼头用白色珠光提亮。

12. 眉毛沿着本身眉形描出淡淡的形状。

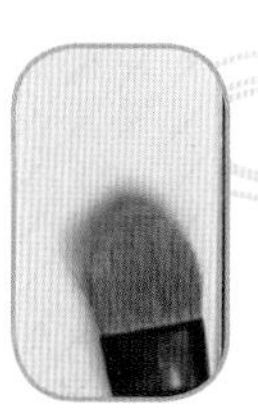

13. 鼻梁上高光。

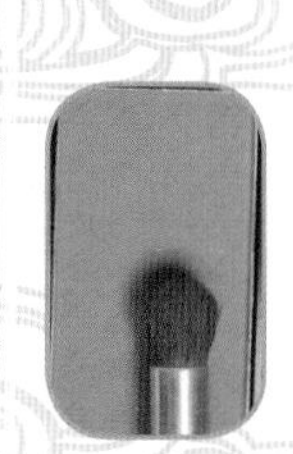

14. 上鼻侧影让鼻梁更加立体。

15. 红色口红从内往外晕染画出咬唇妆的效果。

16. 可以用红色口红画出花钿点睛，完成。

髣髴兮若轻云之蔽月，飘飖兮若流风之回雪。

——曹植《洛神赋》

妆容自然清新是裸妆的致命魅力！隐藏化妆痕迹，令肌肤呈现出宛若天然的无瑕美感，妆容虽淡，气色尽显，是妹子们倍加宠爱的新潮妆容哟。

会呼吸的空气裸妆

打造纯真好气色

所需的化妆品和工具：

艾米尔粉底液 #02

艾米尔定妆粉 #02

橄榄形双眼皮贴

欧蒙眼线液笔

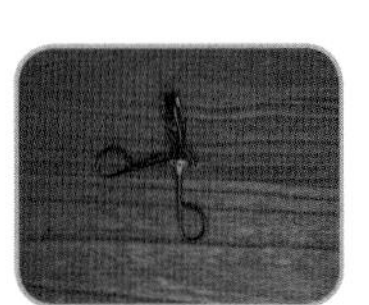

睫毛夹

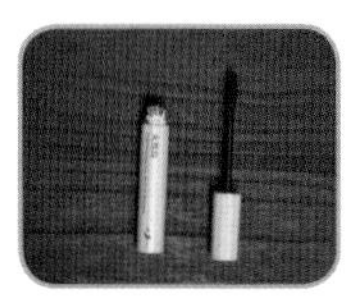

火烈鸟睫毛膏

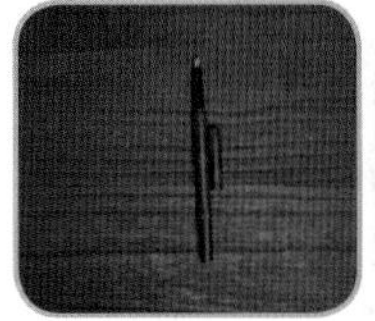

美康粉黛眉笔 # 黛灰

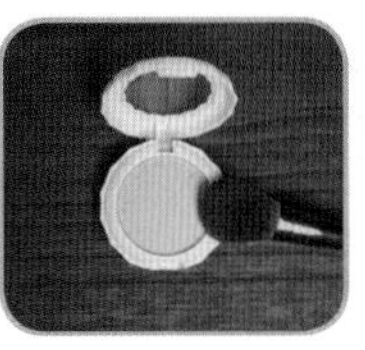

灵点腮红 #01

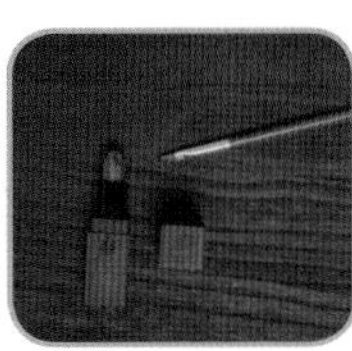

美康粉黛口红 # 红豆南国

NAKED 一代 大地色眼影盘

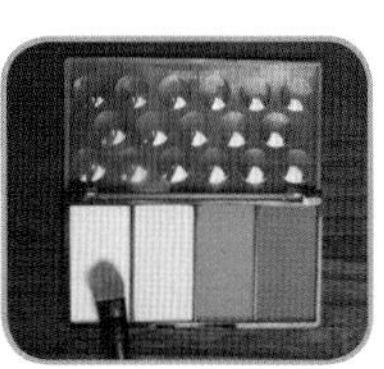

娘家四色修容

1. 素颜。

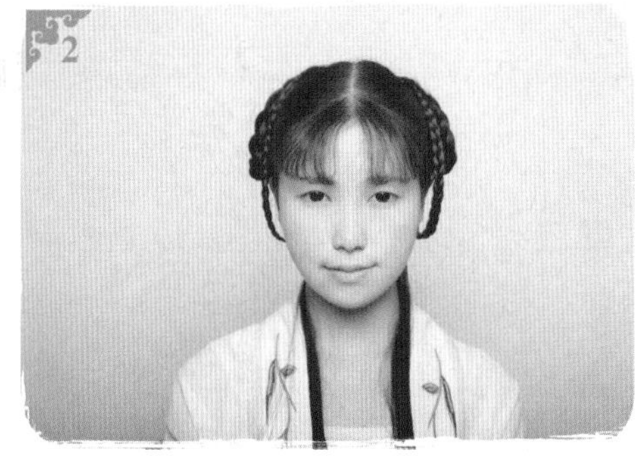

2. 上粉底液。

3. 上定妆粉。

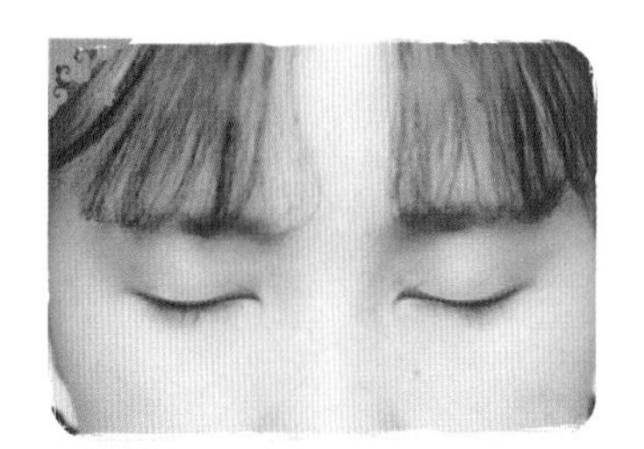

4. 在靠近睫毛根部的位置贴橄榄形的双眼皮贴。

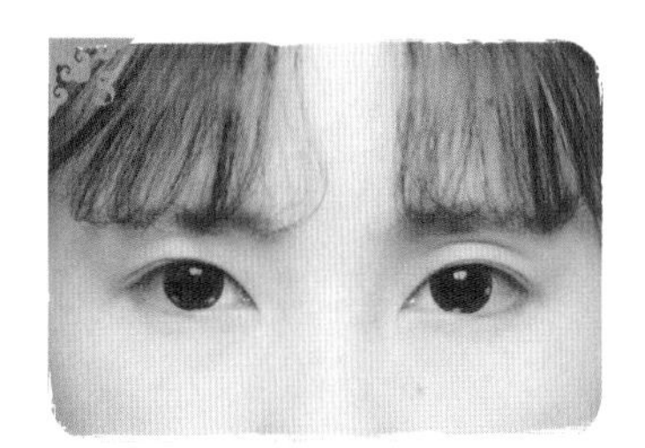

5. 睁眼效果。

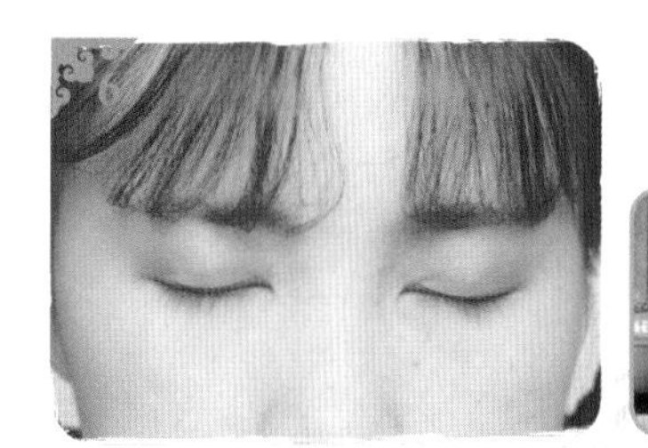

6. 在眼窝内上珠光裸粉色的眼影，加深轮廓。

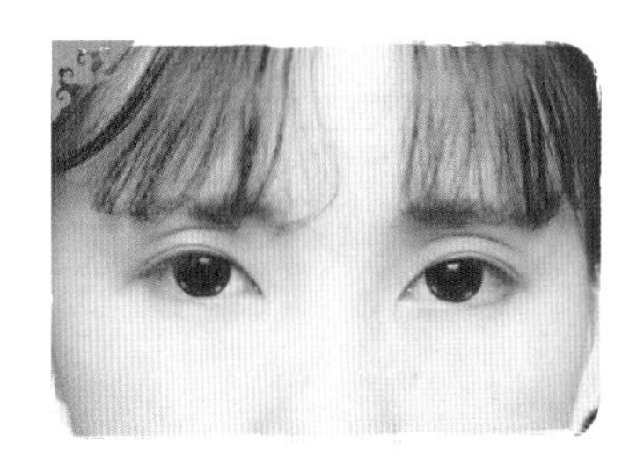

7. 睁眼效果。

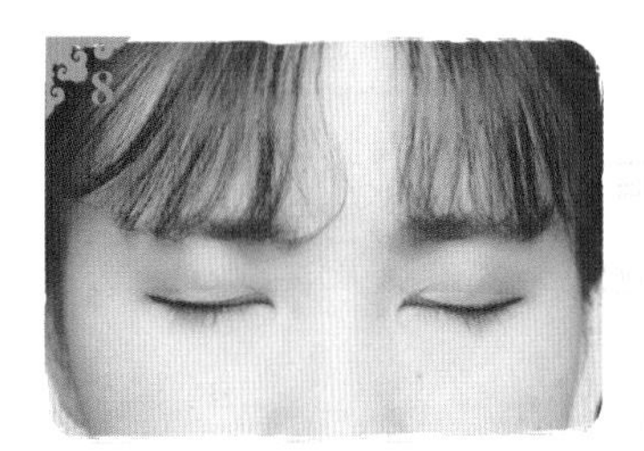

8. 眼尾三分之一处用眼线液笔沿着睫毛根部画一条细眼线。

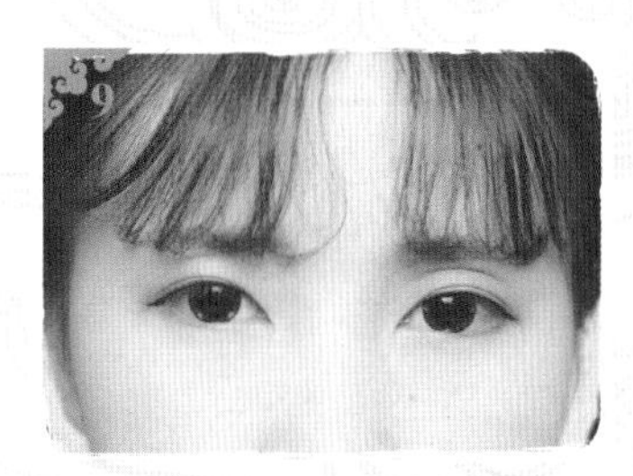

9. 睁眼效果。

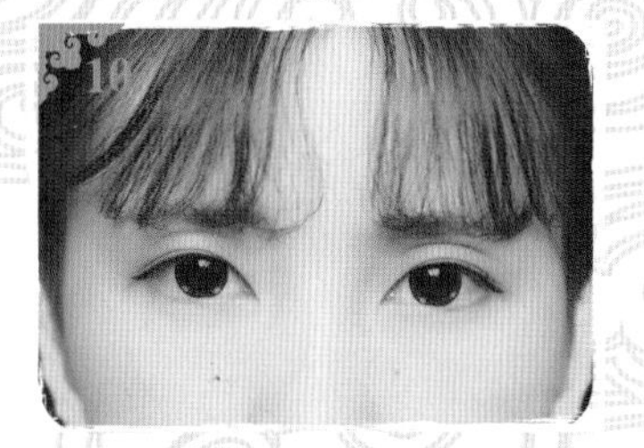

10. 用睫毛夹把睫毛夹翘。

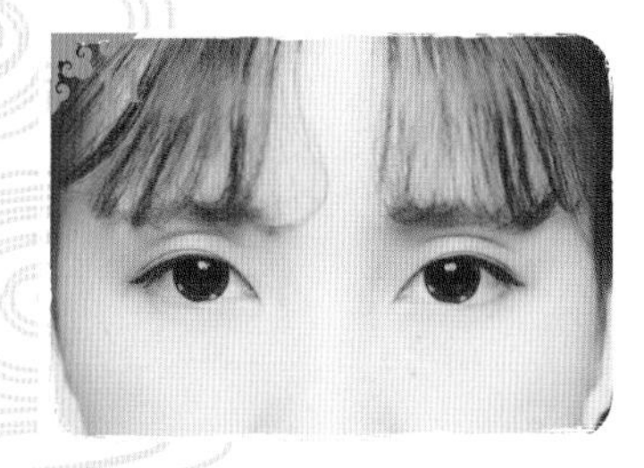

11. 刷上睫毛膏。

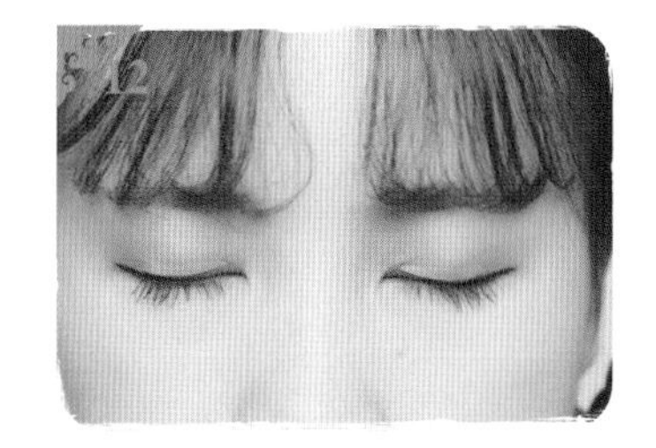

12. 闭眼效果。

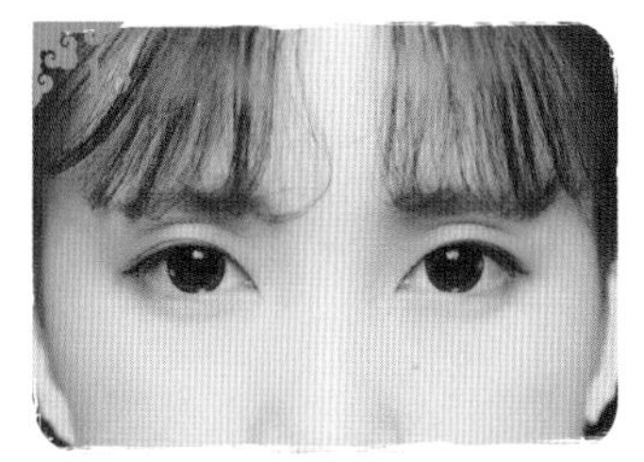

13. 在眼尾三分之一处也用珠光裸粉色沿着睫毛根部加深轮廓，并描出卧蚕形状。

14. 在卧蚕中间的位置用珠光白提亮。

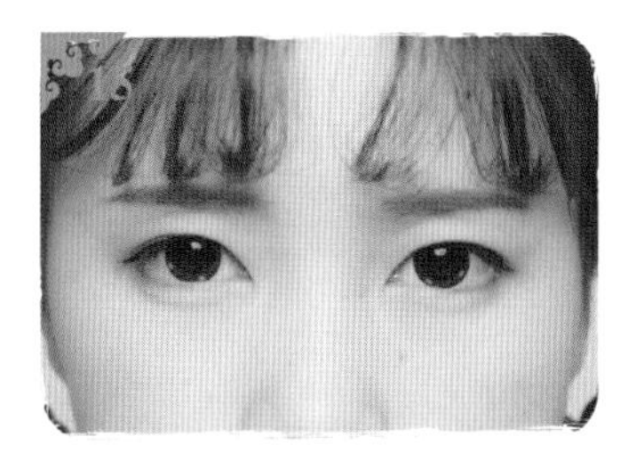

15. 眉毛用眉笔轻轻描出形状即可。

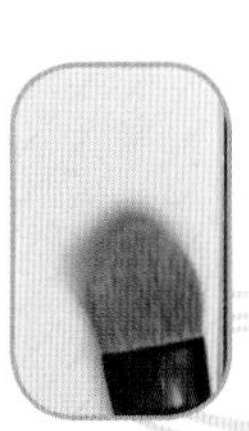

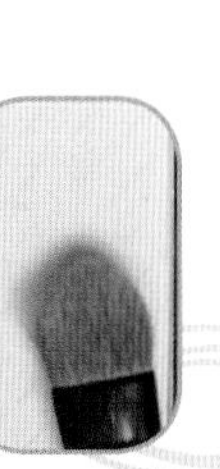

16. 鼻梁用高光提亮。

17. 用鼻侧影加深轮廓。

18. 腮红在下眼尾处开始朝外晕染。

19. 唇色稍微从内透出粉色即可。

芙蓉不及美人妆，水殿风来珠翠香。

——王昌龄《西宫秋怨》

卧蚕是最近几年大热的妆容重点之一，只需简单几步，即可让眼睛注入活力，扑闪扑闪的好像会说话哦呢！再配上圆眼系的眼妆，整个人感觉萌萌的！

清纯无辜大眼妆

让眼睛闪耀动人光芒！

所需的化妆品和工具：

艾米尔粉底液
#02

艾米尔定妆粉
#02

朵妍假睫毛
XF433

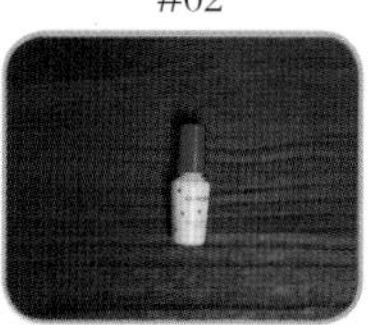
娥佩兰双眼皮
形成液

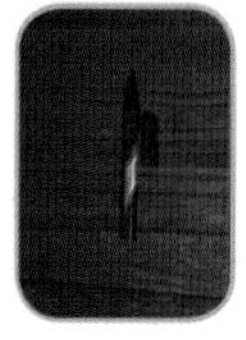
欧蒙
眼线液笔

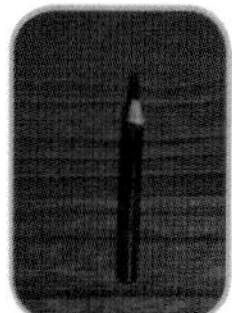
拉线眼线笔

美康粉黛眉笔
＃黛灰

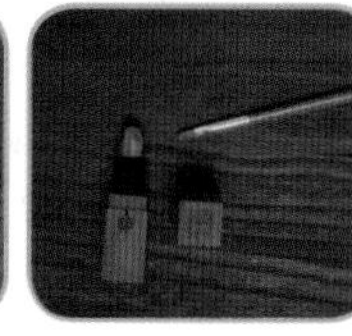
美康粉黛口红
＃橘子洲头

NAKED 一代大地
色眼影盘

娘家四色修容

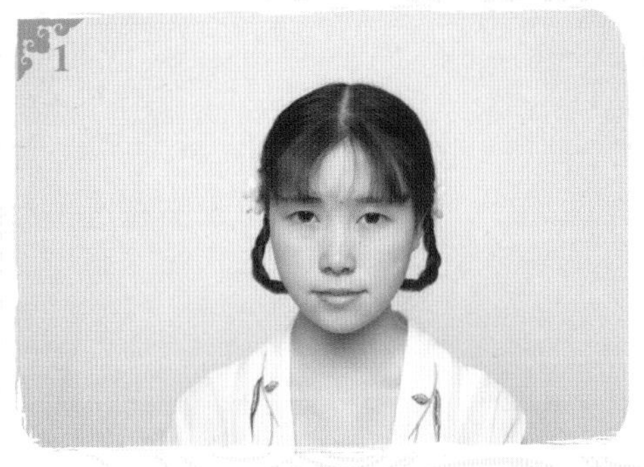

1. 素颜。

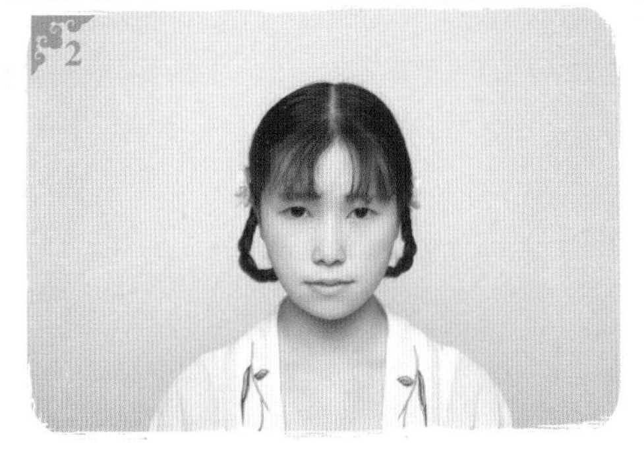

2. 上粉底液。

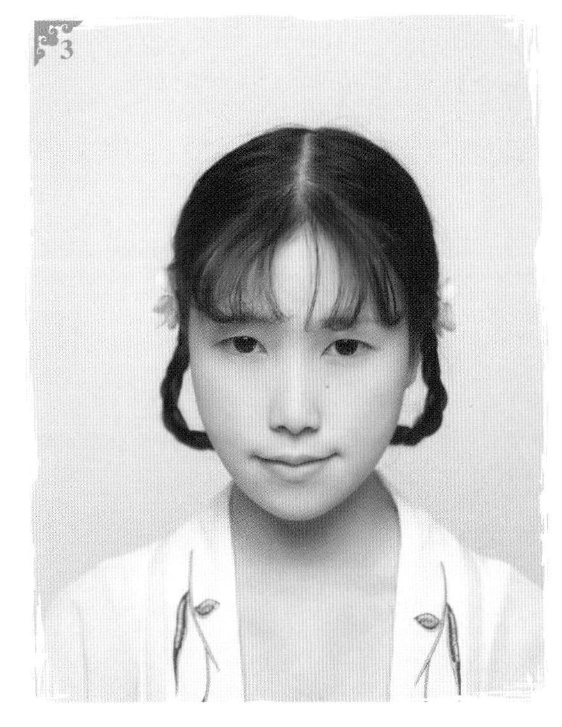

3. 上定妆粉。

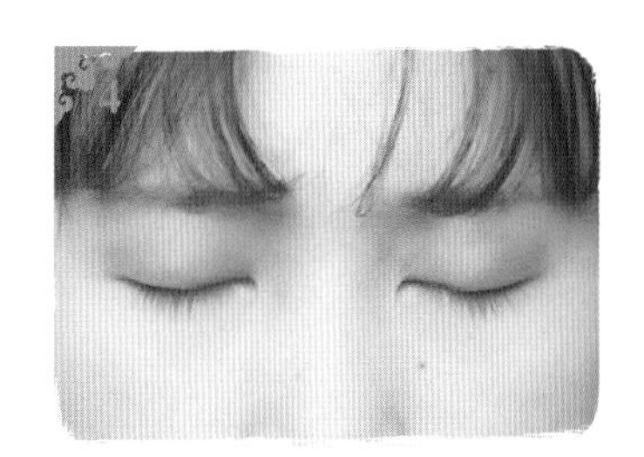

4. 在眼窝范围内均匀涂上珠光裸色眼影。

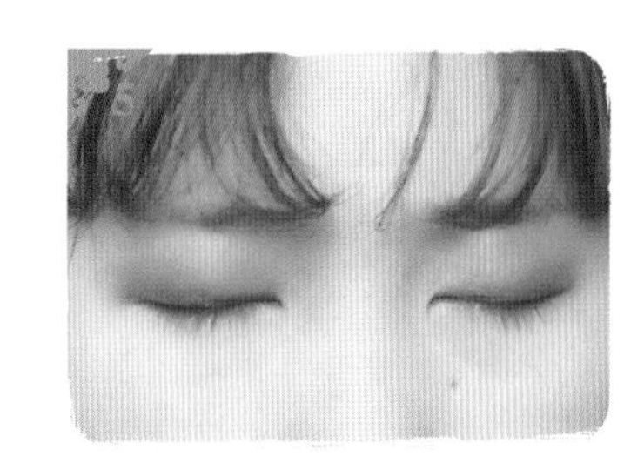

5. 在眼窝范围内均匀涂上珠光裸色眼影。

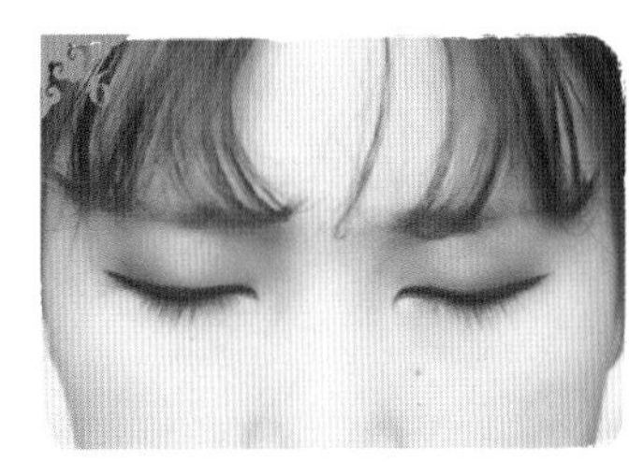

6. 用眼线液笔画眼线，保持流畅性。

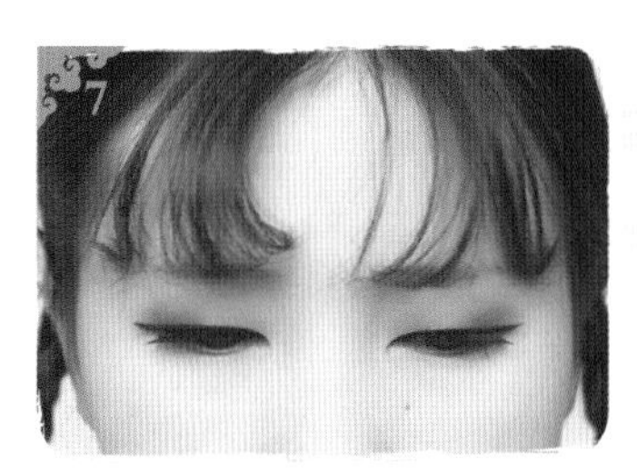

7. 沿着睫毛根部贴上硬梗仿真假睫毛。

8. 用双眼皮形成液涂在想要形成双眼皮的位置，加上硬梗假睫毛的配合可以形成自然的外双眼皮。

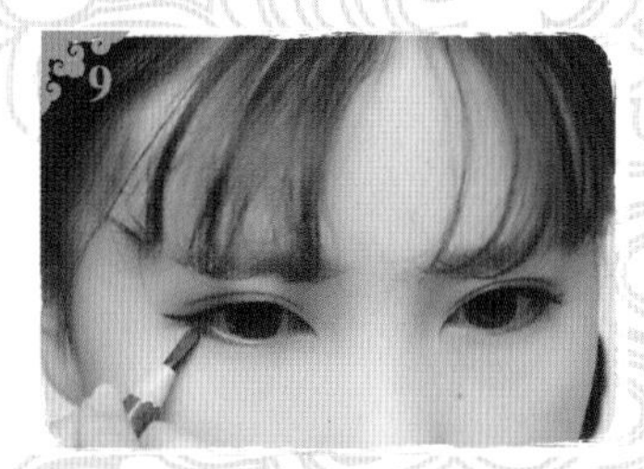

9. 在眼尾三分之一处画一条下眼线，画在下睫毛根部。

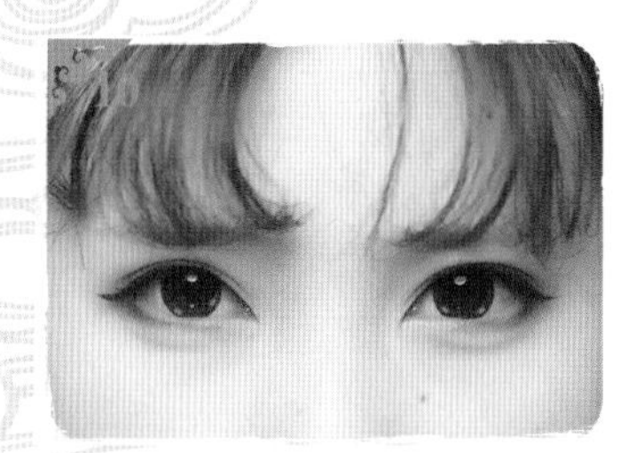

10. 用小刷子把下眼线晕开，然后再用剩下的颜色勾出卧蚕的形状。

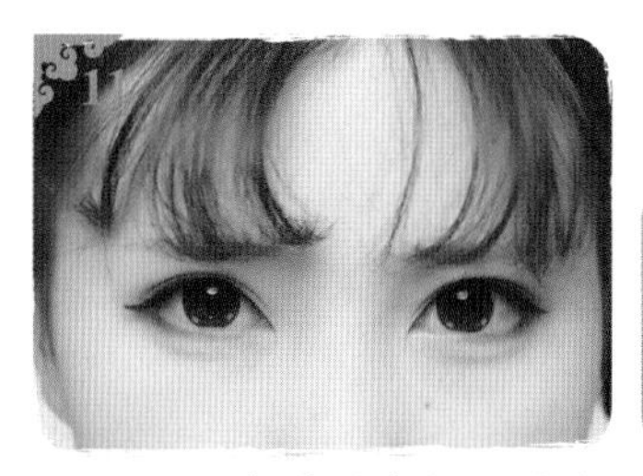

11. 在卧蚕中间用珠光白色眼影提亮，增加立体感。

12. 画眉，沿着本身眉型画出自然的形状。

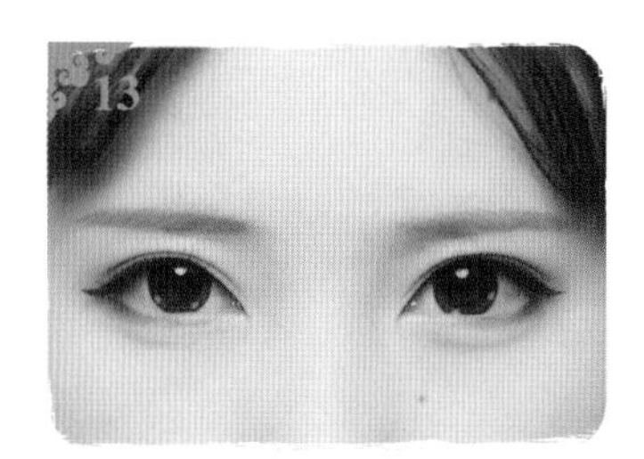

13. 眼妆完成。

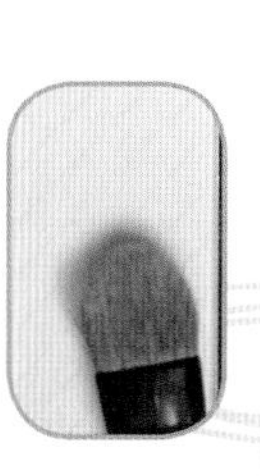
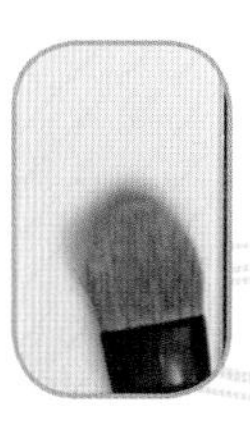

14. 沿着鼻梁处画出高光。

15. 画侧鼻影，连接眼窝显得自然。

16. 腮红淡淡地扫一条横向。

17. 唇彩增加红润气色。

娉娉袅袅十三余，豆蔻梢头二月初。春风十里扬州路，卷上珠帘总不如。

——杜牧《赠别·其一》

古风美人编出来！
可爱又不失韵味的辫子造型
过于现代的发型搭配汉元素服饰难免会有点违和感，古代传统的发型又太难驾驭。其实只要通过几股小辫子，就可以变成古风美人呢！
发型教程 © 小妍

所需工具：
梳子、发饰、橡皮筋若干、发卡若干。

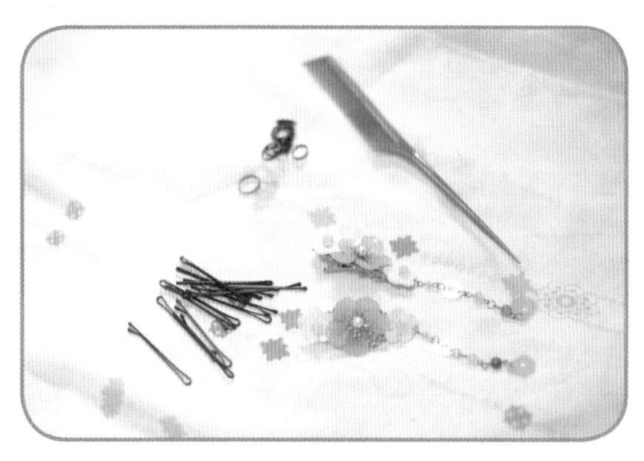

1. 头发梳好，中分。

2. 把其中一侧的头发分成两份。

3. 把分好的两份头发各辫成辫子。

4. 编辫子。

5. 重复步骤，在头发的另一侧也编上两条辫子。

6. 把其中一侧的上边的辫子绾一个圈，再用发夹固定。

7. 下边的辫子同样绾一个圈，用发夹固定。要注意这个圈比上面那个大一点。

8. 两边做相同的步骤，都绾上去用发夹固定。

9. 用夹板夹一下旁边的头发以及刘海。

10. 佩戴头饰。

11. 完成。

利物！
善用发包提升古韵气质
对于发量较少或想『升级』造型的姑娘们来说，发包可谓是必备的利物，轻便又好用。出游的时候不妨备上1至2个发包，可以让造型更具古韵味。
发型教程 © 芸豆

所需工具：
发包2个、橡皮筋若干、发卡若干、U形卡若干。

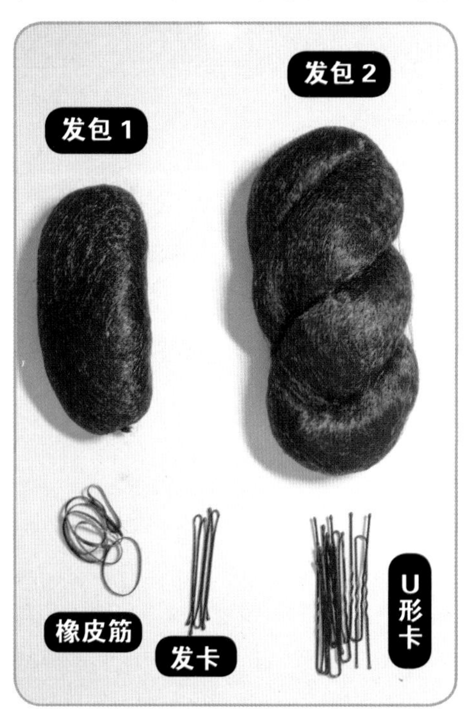

1. 将头发梳顺。

2. 将头发以 3:7 的比例划分。

3. 从 3 开比例那边的耳尖上方挑出一缕头发备用。

4. 拿出发包 1，如图位置固定。

5. 将前面备用的头发从前往后包住发包。

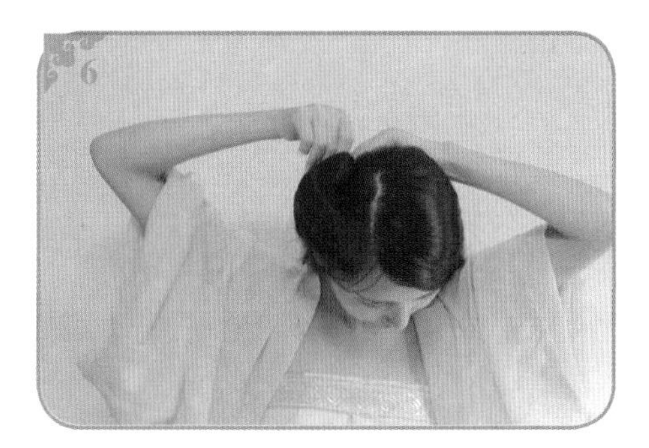

6. 用发卡固定好刚刚梳过去的头发。

7. 从7开比例那边的头顶上取一部分头发扎好。

8. 在下面继续扎一个辫子，并将第一条辫子编成麻花辫。

9. 如图，将麻花辫在头顶盘一下固定好。

10. 将下面的那条辫子从盘好的麻花辫中穿过去。

11. 把发尾固定藏好。

12. 将发包2戴在如图中的位置，并用发卡和U形卡固定。

13. 在背后戴上绢花，把前几步的发尾遮住。

图书在版编目（CIP）数据

蒹葭·游 / 夏堇工作室主编. — 北京：世界知识出版社，2018.1

ISBN 978-7-5012-5656-3

Ⅰ. ①蒹… Ⅱ. ①夏… Ⅲ. ①服饰美学—中国—古代—通俗读物 Ⅳ. ①TS941.742.2-49

中国版本图书馆 CIP 数据核字（2017）第 307777 号

出品人 赵 雷
总策划 企鹅球 木月白
特约编辑 冯 梅 夜 森
责任编辑 余 岚 刘 喆
责任出版 赵 玥
责任校对 张 琨
装帧设计 霜 月

书 名 蒹葭·游
Jianjia You
主 编 夏堇工作室

出版发行 世界知识出版社
地址邮编 北京市东城区干面胡同 51 号（100010）
网 址 www.ishizhi.cn
销售电话 010-65265923 010-57735442
经 销 新华书店
印 刷 北京盛通印刷股份有限公司
开本印张 787×1092 毫米 1/16 7.5 印张
字 数 60 千字
版次印次 2018 年 1 月第一版 2018 年 1 月第一次印刷
标准书号 ISBN 978-7-5012-5656-3
定 价 49.80 元